KLAUS TASCHWER, JOHANNES FEICHTINGER,
STEFAN SIENELL, HEIDEMARIE UHL (HGG.)

EXPERIMENTALBIOLOGIE IM WIENER PRATER

Zur Geschichte der Biologischen Versuchsanstalt 1902–1945

ÖSTERREICHISCHE AKADEMIE DER WISSENSCHAFTEN

Klaus Taschwer, Johannes Feichtinger,
Stefan Sienell, Heidemarie Uhl (Hgg.)

EXPERIMENTALBIOLOGIE IM WIENER PRATER

Zur Geschichte der Biologischen Versuchsanstalt
1902–1945

VERLAG DER
ÖSTERREICHISCHEN
AKADEMIE DER
WISSENSCHAFTEN

Herausgeber (im Auftrag der ÖAW):
Klaus Taschwer, Johannes Feichtinger, Stefan Sienell und Heidemarie Uhl
Texte, so nicht anders angegeben: Klaus Taschwer
Gestaltung: Armin Karner, Bildbearbeitung: Otto Beigelbeck

Umschlagbilder:
Vorne: Vorderansicht des BVA-Gebäudes im Prater,
fotografiert von Erich Smeikal, Bildarchiv der ÖNB, Sign. 430.152-B
Hinten: Abbildung aus Hans Przibram (1930): Zootechniken.
Experimental-Zoologie, Band 7. Wien/Leipzig: Franz Deuticke, Tafel 1.

Die verwendete Papiersorte ist aus chlorfreiem Zellstoff hergestellt,
frei von säurebildenden Bestandteilen und alterungsbeständig.

ISBN 978-3-7001-7967-2
Copyright © 2016 by
Österreichische Akademie der Wissenschaften, Wien
Druck & Bindung: Prime Rate kft., Budapest
http://epub.oeaw.ac.at/7967-2
http://verlag.oeaw.ac.at

INHALTSVERZEICHNIS

ZUM GELEIT

Die Österreichische Akademie der Wissenschaften würdigt mit dieser Publikation und der ihr zugrunde liegenden Ausstellung „Experimentalbiologie im Prater. Zur Geschichte der Biologischen Versuchsanstalt 1902–1945", die am 12. Juni 2015 in der Aula der Akademie eröffnet und bis 10. Juli gezeigt wurde, die Biologische Versuchsanstalt im Wiener Prater, eine der weltweit ersten Forschungseinrichtungen für experimentelle Biologie.

1914 erhielt die kaiserliche Akademie der Wissenschaften die Biologische Versuchsanstalt (BVA) von ihren Gründern Hans Przibram, Leopold von Portheim und Wilhelm Figdor als Schenkung. Die Schenkung umfasste nicht nur das Gebäude und seine Einrichtungen, sondern auch eine Stiftung im Wert von 300.000 Kronen durch die Brüder Hans und Karl Przibram und Leopold von Portheim, durch deren Zinserlös der Forschungsbetrieb weiterhin gesichert werden sollte. Die Übernahme der BVA war nach der Stiftung des Instituts für Radiumforschung für die kaiserliche Akademie der Wissenschaften durch Karl Kupelwieser ein weiterer entscheidender Schritt in der Profilierung der Akademie als naturwissenschaftlicher Forschungsträger.

Der „Anschluss" 1938 und die NS-Machtübernahme in Österreich bedeuteten eine tiefgreifende Zäsur, vor allem für die beiden Institute der Akademie der Wissenschaften, dem Institut für

Radiumforschung und der Biologischen Versuchsanstalt, an denen zahlreiche Wissenschafterinnen und Wissenschafter ihre Forschungsarbeiten durchführten. Viele davon waren jüdischer Herkunft und wurden aus „rassischen" Gründen aus der Akademie entfernt. Sie wurden verfolgt und vertrieben. Wir wissen von acht an der Akademie der Wissenschaften Tätigen, die in nationalsozialistischen Konzentrationslagern zu Tode kamen bzw. ermordet wurden: die Romanistin Elise Richter und sieben Angehörige der BVA – Leonore Brecher, Henriette Burchardt, Martha Geiringer, Helene Jacobi, Heinrich Kun, Elisabeth und Hans Przibram.

Das Verhalten gegenüber den als Juden und Jüdinnen verfolgten Angehörigen der BVA und anderer Akademieeinrichtungen in den Jahren der NS-Herrschaft ist ein beschämendes Kapitel in der Geschichte der Österreichischen Akademie der Wissenschaften. Anlässlich der Hundertfünfzigjahrfeier ihrer Gründung setzte sich die Akademie erstmals mit ihrer Rolle im Nationalsozialismus auseinander. 1997 veröffentlichte Herbert Matis in ihrem Auftrag die Studie *Zwischen Anpassung und Widerstand. Die Akademie der Wissenschaften 1938–1945.* 2013 erschien der umfassende Band *Die Akademie der Wissenschaften 1938 bis 1945.* Seit diesem Jahr erinnert eine Tafel am Eingang zum Festsaal der ÖAW an die „Opfer des Nationalsozialismus unter den Mitgliedern und den Angehörigen der Akademie der Wissenschaften". Ihre Namen und ihr Schicksal sind im Gedenkbuch für die Opfer des Nationalsozialismus an der Österreichischen Akademie der Wissenschaften online nachzulesen.

In der Auseinandersetzung der ÖAW mit ihrer Vergangenheit in der Zeit des Nationalsozialismus nimmt die BVA einen besonderen Stellenwert ein. Die vorliegende Publikation soll Anstoß geben zur weiteren vertiefenden Erforschung einer jener österreichischen Wissenschaftseinrichtungen, die die internationale Forschungslandschaft für einige Jahrzehnte geprägt haben.

Anton Zeilinger
Präsident der Österreichischen Akademie
der Wissensenschaften

Foto: Sepp Dreisinger

7

VORBEMERKUNG

Am 12. Juni 2015 fand in der Aula der Österreichischen Akademie der Wissenschaften (ÖAW) die Eröffnung der Ausstellung „Experimentalbiologie im Prater. Zur Geschichte der Biologischen Versuchsanstalt 1902–1945" statt. Damit wurde die Geschichte einer der weltweit ersten Forschungseinrichtungen für experimentelle Biologie mit bislang unveröffentlichtem Bildmaterial erstmals in Form einer kleinen Schau präsentiert. Die vorliegende Publikation dokumentiert diese Ausstellung und damit auch die tragische Geschichte dieses einzigartigen Forschungsinstituts in erweiterter Form.

Die Biologische Versuchsanstalt (BVA) wurde von den Biologen Hans Przibram, Leopold von Portheim und Wilhelm Figdor 1902 als privates Forschungsinstitut gegründet und am 1. Jänner 1903 eröffnet. Die Gründer kauften dafür das ehemalige Vivarium-Gebäude im Prater und bauten es mit eigenem Geld zu einer der modernsten biologischen Forschungseinrichtungen der damaligen Zeit um.

Schenkung an die Akademie

Zur Absicherung des langfristigen Bestands ihres Forschungsinstituts schenkten Przibram, Portheim und Figdor die Biologische Versuchsanstalt 1914 der kaiserlichen Akademie der Wissenschaften. Die Übernahme der BVA und des ebenfalls mit privaten Mitteln gegründeten Instituts für Radiumforschung ermöglichten es der Akademie seitdem, sich auch als naturwissenschaftliche Forschungseinrichtung zu profilieren.

An der BVA wurde interdisziplinär, international und mit modernsten Instrumenten und Laboreinrichtungen experimentell geforscht, weshalb das Institut zum Vorbild für zahlreiche Forschungseinrichtungen von der Sowjetunion bis in die USA wurde. Hier wirkten Forscherpersönlichkeiten wie Hans Przibram, Mitbegründer der Experimentalzoologie, Eugen Steinach, Pionier der Hormonforschung, oder Paul Kammerer, dessen umstrittene Versuche zum Nachweis der Vererbung erworbener Eigenschaften international großes Aufsehen erregten.

Aussperrung nach 36 Jahren

Der „Anschluss" und damit die Machtübernahme der Nationalsozialisten in Österreich im März 1938 trafen die Biologische Versuchsanstalt besonders hart: Hans Przibram und Leopold Portheim, den noch lebenden Gründern, wurde der Zutritt zur BVA von einem Tag auf den anderen verwehrt. Auch jene Mitarbeiterinnen und Mitarbeiter, die nach den Nürnberger Rassegesetzen als „Juden" galten, durften ab 13. April 1938 ihren Arbeitsplatz nicht mehr betreten. Mit dieser Aussperrung konnten die beiden Gründer, die 36 Jahre lang die BVA geleitet hatten, der Abteilungsleiter Eugen Steinach sowie 15 Mitarbeiterinnen und Mitarbeiter ihre Tätigkeit nicht mehr fortsetzen.

Manchen der aus „rassischen" Gründen verfolgten Angehörigen der BVA gelang die Flucht, andere fanden in den Konzentrationslagern den Tod. Gesichert ist, dass sieben BVA-Angehörige in nationalsozialistischen Lagern umkamen: Leonore Brecher, Henriette Burchardt, Martha Geiringer, Helene Jacobi, Heinrich Kun sowie Elisabeth und Hans Przibram. An ihr Schicksal und das von – nach jetzigem Stand – 58 weiteren Akademie-Forscherinnen und Forschern, die Opfer des NS-Regimes wurden, wird seit kurzem im Online-*Gedenkbuch für die Opfer des Nationalsozialismus an der Österreichischen Akademie der Wissenschaften* (http://www.oeaw.ac.at/gedenkbuch) erinnert.

Das Ende der Forschungen

Die Entlassung der BVA-Mitarbeiterinnen und -Mitarbeiter bedeutete das Ende der experimentalbiologischen Forschung in Wien. In den letzten Kriegstagen wurde das BVA-Gebäude bei den Kampfhandlungen im Prater weitgehend zerstört. Alle im BVA-Gebäude noch vorhandenen Materialien und Schriftstücke sowie Hans Przibrams einzigartige Fachbibliothek für Experimentalbiologie, die er 1938 zurücklassen musste, wurden ein Raub der Flammen. Erhalten hat sich nur noch der Schriftverkehr der BVA mit dem Unterrichtsministerium, der sich heute im Österreichischen Staatsarchiv befindet. Die Akten der Zentralen Verwaltung der Akademie über die BVA sind im Archiv der ÖAW einsehbar. Über die drei Jahrzehnte der BVA als Institut der Akademie der Wissenschaften geben nicht mehr als fünf Archivkartons (rund ein Laufmeter Akten und Bildmaterial) Auskunft.

Am 12. Juni 2015 wurde von den Herausgebern ein Gedenktag an der ÖAW initiiert und organisiert, der im letzten Kapitel dieser Publikation dokumentiert ist. Akademiepräsident Anton Zeilinger enthüllte gemeinsam mit dem Wiener Kulturstadtrat Andreas Mailath-Pokorny in Anwesenheit zahlreicher Nachkommen der BVA-Gründer eine Gedenktafel in der Prater Hauptallee. Diese Tafel befindet sich an jener Stelle, an der die BVA bis zu ihrem Abriss gestanden war. Nach der Eröffnung der Ausstellung würdigte die israelische Evolutionsbiologin Eva Jablonka in einem Festvortrag die Aktualität der Forschungen an der BVA. Zuvor wurde in der Aula der ÖAW jene Büste von Hans Przibram enthüllt, die seine Tochter Doris Baumann und sein Bruder Karl Przibram 1947 der Akademie geschenkt hatten.

Die Erklärung des Akademiepräsidiums, die Büste in der Aula aufzustellen, wurde damals nicht umgesetzt. 68 Jahre später holte das die ÖAW nach. Mit der Aufstellung dieser Büste in der Galerie der wichtigsten Förderer der Akademie erhielt Hans Przibram – als einer ihrer größten Mäzene und Wissenschafter – einen ihm angemessenen Platz in der Akademie-Geschichte.

Klaus Taschwer
Johannes Feichtinger
Stefan Sienell
Heidemarie Uhl

EXPERIMENTALBIOLOGIE IM PRATER

Die 1902 gegründete Biologische
Versuchsanstalt war eine der
bedeutendsten Forschungseinrichtungen
der österreichischen Wissenschaftsgeschichte.
Es gibt zahlreiche gute Gründe dafür,
warum es angebracht ist, an die Geschichte
dieses Instituts zu erinnern.

In der Biologischen Versuchsanstalt (BVA) im Wiener Prater wurde zu Beginn des 20. Jahrhunderts mehr als drei Jahrzehnte lang Biologie- und Medizingeschichte geschrieben. Dennoch gibt es nur wenige Spuren, die das Vivarium in Wien hinterlassen hat. Dort, wo vor 100 Jahren mit der Biologischen Versuchsanstalt ein Forschungsinstitut von Weltgeltung untergebracht war, steht heute ein bescheidenes einstöckiges Gebäude der Stadt Wien: der Schulverkehrsgarten, der von Kiefern umrahmt und von einer Liliputbahn umkurvt wird.

Bis 2015 erinnerten einzig Straßenschilder in gut hundert Metern Entfernung an den längst verschwundenen prunkvollen Neorenaissance-Bau: Im Februar 1957 wurde die Vivariumstraße im 2. Wiener Gemeindebezirk nach jenem Gebäude benannt, das 1873 anlässlich der Wiener Weltausstellung errichtet worden war und das die BVA von 1902 an beherbergte, ehe es in den letzten Tagen des Zweiten Weltkriegs im April 1945 in eine Brandruine verwandelt wurde.

Gute Gründe des Gedenkens

Die völlige Auslöschung dieser so innovativen und international renommierten Forschungseinrichtung für experimentelle Biologie nach dem „Anschluss" gehört zu den größten Tragödien der österreichischen Wissenschaftsgeschichte: Kein Institut verlor mehr Mitarbeiterinnen und Mitarbeiter im Holocaust als die Biologische Versuchsanstalt.

Das tragische Ende der BVA und vieler seiner Mitarbeiter ist freilich nicht der einzige Grund, der Biologischen Versuchsanstalt zu gedenken. Die BVA war zum einen nämlich auch das bedeutendste von Wissenschaftern privat gegründete und finanzierte Forschungsinstitut der österreichischen Wissenschaftsgeschichte. Zum anderen war die Biologische Versuchsanstalt in den ersten Jahrzehnten des

Das ehemalige Gebäude der Biologischen Versuchsanstalt
und davor die Prater Hauptallee – fotografiert in Richtung
Riesenrad und Praterstern. Heute erinnert an diesem Ort
eine Gedenktafel an das Institut.

20. Jahrhunderts eine der weltweit wichtigsten experimentalbiologischen Forschungseinrichtungen.

Die Aktualität der BVA

Die jungen Botaniker Wilhelm Figdor und Leopold von Portheim sowie der Zoologe Hans Przibram steckten erhebliche Summen ihres Privatkapitals in den Kauf und in die Infrastruktur des Vivariums. Und sie nahmen noch einmal viel Geld in die Hand, um die BVA der kaiserlichen Akademie der Wissenschaften zu übertragen.

Die wissenschaftliche Bedeutung des Instituts für die Biologie war ähnlich wichtig wie die des Wiener Instituts für Radiumforschung für die Physik. An der Biologischen Versuchsanstalt wurden nicht nur neue Themenfelder mit ganz neuen Methoden erschlossen.

Ihre umsichtigen Leiter erfanden auch eine innovative Infrastruktur und Forschungsorganisation. Und schließlich erfreuen sich einige Themen, an denen in der BVA geforscht wurde – Stichwort „epigenetische Vererbung" – in jüngster Zeit wieder größter Aktualität.

DIE WECHSELVOLLE GESCHICHTE VON „PRATER NO. 1"

Das Gebäude, in dem ab 1902 die Biologische Versuchsanstalt eingerichtet wurde, hatte eine turbulente Vorgeschichte: Es war 1873 anlässlich der Weltausstellung im Prater als Aquarium errichtet worden, wurde dann zum Vivarium und diente nicht zuletzt dem Spektakel.

Eine der kostspieligeren Investitionen der Wiener Weltausstellung, die 1873 im Prater stattfand, war das damals angeblich „größte Aquarium Europas": ein pompöser Aquariumspalast, der etwas abseits der Pavillons errichtet wurde. Der genaue Standort war südlich des Vergnügungsparks („Wurstelprater") direkt an der bereits im 16. Jahrhundert angelegten Prater Hauptallee. Als Planer des neuen Gebäudes mit der Adresse „Prater No. 1" wurde der deutsche Zoologe Alfred Brehm (1829–1884) gewonnen, der noch heute als Autor und Namensgeber seines mehrbändigen Hauptwerks *Brehms Tierleben* bekannt ist.

Vom Aquarium zum Vivarium

Finanziert wurde das Unterfangen von Wiener Großindustriellen, die sich davon Gewinne erwarteten. Das weitläufige Gebäude verfügte über 16 große Wasserbecken aus Glas, die nur von oben belichtet wurden und von den Dunkelgängen aus zu besichtigen waren. Die Schau zeigte sowohl Süß- als auch Meerwassertiere; das Meerwasser wurde mit dem Zug von Triest nach Wien gebracht. Doch sowohl die Weltausstellung wie letzlich auch das Aquarium erwiesen sich – auch bedingt durch die 1873 einsetzende Wirtschaftskrise und eine Choleraepidemie – als Verlustgeschäfte.

1887 ging das ständig vom Konkurs bedrohte Aquarium dann an Karl Adolf Bachofen von Echt, einen Unternehmer mit volksbildnerischen Ambitionen und zugleich Bürgermeister von Nussdorf (heute ein Stadtteil Wiens). Er engagierte den Wiener Naturforscher Friedrich Knauer als neuen wissenschaftlichen Leiter, der das Wort AQUARIUM über dem Eingangsportal mit VIVARIUM in Goldlettern überschreiben ließ.

Das ehemalige Aquarium wurde in eine Art Indoor-Zoo umgewandelt, in dem nun keinerlei Fische, dafür etliche andere Tierarten gezeigt wurden: drei Orang-Utans und ein Schimpanse ebenso wie zahllose Vogelarten. In den ehe-

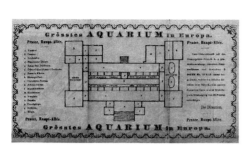

Fig. 1. Erster Dunkelsaal des Wiener Vivariums.

Genauer Plan des Aquariums und der erste Dunkelsaal.

Plan der Weltausstellung mit dem Aquarium (blauer Kreis) an der Prater Hauptallee.

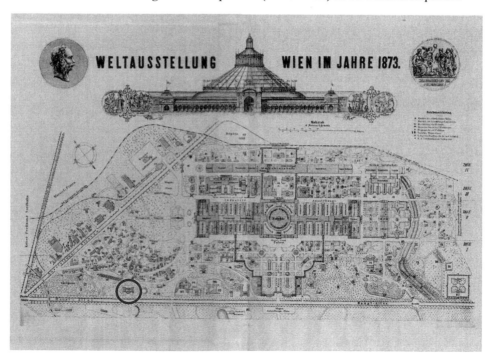

Der Neo-Renaissance-Bau des Aquariums in einer Zeichnung unmittelbar
nach der Eröffnung.

maligen Aquarien wurden – unter gewiss nicht sehr artgerechten Bedingungen – Großkatzen wie Löwen, Leoparden, Pumas und ein Panther einquartiert.

Spektakel statt Volksbildung

Pläne Knauers, im Rahmen der 1893 gegründeten Wiener Tiergartengesellschaft im Prater einen Riesenzoo zu errichten, scheiterten bald. Stattdessen musste man auf Spektakel setzen – etwa die sogenannten Völkerschauen des deutschen Zoo-Pioniers Carl Hagenbeck. Im Vivarium zeigte die Tiergartengesellschaft währenddessen ab 1897 die „größte Reptiliensammlung der Welt" – mit 60 Riesenschlangen, die ebenfalls von Hagenbeck stammten. Daneben trat unter anderem eine Löwendompteuse auf.

Im Winter 1899/1900 ging ein erheblicher Teil der Reptilien zugrunde, die leer gewordenen Käfige wurden mit Vögeln und Kleinsäugern nachbesetzt. Am 1. Oktober 1900 wurde das Vivarium geschlossen und die Heizung eingestellt, was für die meisten Tiere, die aus tropischen Regionen stammten, den Tod bedeutete.

Der Zoologe Franz Werner befürchtete im Jahr 1900, dass in Zukunft wohl noch mehr Spektakel nötig sein würde, um den Erhalt des Vivariums zu sichern: „Es wird noch mehr Schlangenbändigerinnen, Feuerfresser und Papagei-Dompteusen aufmarschieren lassen müssen, um Besucher herbeizulocken, und es wird im Tingeltangelismus versinken." Ab dem Jahr 1902 sollte dann doch alles ganz anders kommen.

KONTEXTE DER EXPERIMENTALBIOLOGIE UM 1900

So innovativ das Konzept der Biologischen
Versuchsanstalt in Wien auch war:
Es gab einige internationale und lokale
Entwicklungen, die mit dazu beitrugen,
dass es zur Gründung kommen konnte.

Die Biologische Versuchsanstalt war zum Zeitpunkt ihrer Gründung 1902 die erste Forschungseinrichtung, die sich nicht nur der experimentellen Biologie verschrieb, sondern dabei auch noch Botanik, Zoologie, Physiologie und angrenzende Disziplinen wie die Chemie unter einem Dach vereinigte. Keine andere Einrichtung verfügte über so artenreiche Pflanzen- und Tierzüchtungen und hatte ein ähnlich ambitioniertes Programm, das so gut wie alle großen Fragen der Biologie umfasste.

Im Fahrwasser der Meeresbiologie

Vor 1900 gab es eine ganze Reihe von Entwicklungen in der Biologie und in angrenzenden Fächern, die Voraussetzungen für die Gründung im Wiener Prater waren. Einer war der Aufschwung der Experimentalzoologie in den letzten Jahrzehnten des 19. Jahrhunderts: Dazu war es zum einen aufgrund des Siegeszugs der experimentellen Methode in der Physiologe gekommen, die mit Experimenten an lebenden Organismen begann.

Die Durchsetzung der Experimentalbiologie vollzog sich aber auch im Fahrwasser der aufstrebenden Meeresbiologie: Im letzten Drittel des 19. Jahrhunderts wurden in vielen europäischen Küstenstädten Forschungsstationen errichtet. Die berühmteste war die 1872 eröffnete Zoologische Station Neapel, die dank ihres Gründers Anton Dohrn bald zu einer Hochburg entwicklungsgeschichtlicher und embryologischer Studien wurde. Und es ist wohl kein Zufall, dass Hans Przibram nach einem längeren Forschungsaufenthalt in Neapel seine eigene Institutsgründung in Angriff nahm.

Eine weitere wichtige Vorbedingung war schließlich auch eine außeruniversitäre „Modeerscheinung": Ab den 1880er-Jahren schlossen sich in Deutschland Amateure zusammen und gründeten zahlreiche Vereine für Aquaristik und Terraristik. Der erste Verein in Wien

Das Hauptgebäude der Universität Wien, wo um 1900
die Haltung von lebenden Tieren untersagt war.

hieß „Lotus", eines seiner jüngsten Mitglieder war ein begeisterter Tierliebhaber
namens Paul Kammerer, der wegen seiner
züchterischen Fähigkeiten noch als Student für die BVA engagiert wurde. Warum
aber war an der Universität Wien kein Platz
für experimentalbiologische Forschungen?
Eine erste Antwort ist trivial: Im 1884
offiziell eröffneten Universitätsgebäude
am damaligen Franzensring waren Tier-
haltung und damit auch experimentelle
Zoologie nicht erlaubt. Zweitens litt insbesondere die Philosophische Fakultät,
der damals die Geistes- und Naturwissen-
schaften angehörten, rund um 1900 unter
massiver Unterdotierung.

Inferiore Uni-Laborausstattung

So beschwerten sich im Jahr 1902, also
dem Jahr der Gründung der BVA, die Naturwissenschafter der Universität Wien in
einer „Denkschrift über die gegenwärtige
Lage der Philosophischen Fakultät" über
die inferiore Ausstattung ihrer Laboratorien: „Wer als Vertreter eines Wiener Instituts die Naturforscherversammlung zu
Wien im Jahre 1894 mitgemacht hat, wird
nicht so bald das Gefühl der Beschämung
vergessen, das ihn bei Besichtigung der Institute durch die fremden Gäste überfiel."

An dieser wissenschaftlichen Tagung
hatte auch der gerade erst 20-jährige Hans
Przibram als junger Student teilgenom-
men. Einer der Vorträge sollte bestimmend
für sein weiteres Leben werden: „Erstmalig
berichtete am Naturforschertag in Wien
Wilhelm Roux über Entwicklungsme-
chanik." Przibram habe in dem Moment
beschlossen, Roux' Forschungsrichtung
fortzuführen.

Die berühmte Zoologische Station Neapel um 1900,
eines der Vorbilder für die BVA in Wien.

Die Bibliothek des chemischen Labors
der Zoologischen Station in Triest,
an der Sigmund Freud 1873 über Aale forschte.

EIN IDEALISTISCHES TRIUMVIRAT IM DIENSTE DER FORSCHUNG

Die BVA war eine rein private Gründung:
Initiiert wurde sie vom jungen Zoologen
Hans Przibram und den beiden Botanikern
Wilhelm Figdor und Leopold von Portheim –
drei wohlhabenden Wissenschaftern aus
Wiens jüdischem Großbürgertum um 1900.

Anders als in vielen Ländern ist wissenschaftliches Mäzenatentum in Österreich heute auf einige wenige vermögende Personen beschränkt. Vor gut hundert Jahren sah die Sache freilich sehr viel anders aus: Vor allem Vertreter des jüdischen Bürgertums Wiens förderten Forschung, stifteten ab den 1860er-Jahren wissenschaftliche Auszeichnungen (wie den Lieben-Preis) oder finanzierten Forschungsreisen wie die Österreichisch-Ungarische Nordpolexpedition.

In den meisten dieser Fälle – wie auch im Fall der Stiftungen von Karl Kupelwieser, des wichtigsten Mäzens rund um 1900 – waren diese Philanthropen zwar wissenschaftsinteressiert, selbst aber keine Forscher. Anders lag die Sache bei den Gründern der Biologischen Versuchsanstalt: Der erst 28-jährige Zoologe Hans Przibram und die beiden unwesentlich älteren Botaniker Wilhelm Figdor und Leopold von Portheim erwarben das Vivarium Anfang 1902 aus eigenen Mitteln und bauten es zu einem der weltweit führenden Forschungszentren für experimentelle Biologie aus.

Der Geist des jüdischen Bürgertums

Spiritus rector des Unterfangens war der 1874 geborene Hans Przibram, der aus einer weitverzweigten, aus Prag stammenden Wissenschafterdynastie stammte – ähnlich den Exners in Wien oder den Huxleys in England. In der vermögenden Familie herrschte „der Geist des gebildeten jüdischen Bürgertums der liberalen Ära", wie es der Physiker Karl Przibram (der Bruder von Hans) formulierte, „aufgeschlossen für alle Errungenschaften der Kunst und Wissenschaft".

Zu den zahlreichen verwandtschaftlichen Verbindungen und Freundschaften der Przibrams zählte auch jene mit der Familie Portheim, die ebenfalls aus Prag stammte. Der 1869 in Prag geborene Leopold Porges (Ritter von Portheim) war Przibrams Cousin. Leopold von Portheim

Hans Przibram
1924 an seinem
50. Geburtstag.

Wilhelm Figdor
im Jahr 1925.

Leopold Portheim
(sitzend Mitte) 1936
im Kreise der
Mitarbeiterinnen und
Mitarbeiter der BVA.

19

Hans Przibram
in jungen Jahren.

studierte zunächst an der Universität Prag Botanik, danach an der Universität Wien, wo der renommierte Pflanzenphysiologe Julius von Wiesner sein Lehrer war.

Aufgrund Portheims wohlhabender Herkunft – sein Vater Eduard Porges war Vizepräsident der Prager Handelskammer und erhielt 1879 das Adelsprädikat Ritter von Portheim – sah er keine Notwendigkeit für eine akademische Karriere, vielmehr verstand er sich als Privatgelehrter. Die Gründung der Biologischen Versuchsanstalt, an der Portheim auch finanziell beteiligt war, schaffte ein ideales institutionelles Umfeld für seine botanischen Forschungen.

Der dritte in diesem idealistischen Triumvirat Wiener Naturwissenschafter war Wilhelm Figdor, 1866 in Wien geboren und mit 35 Jahren der älteste im Bunde. Wie etliche andere jüdische Familien, de-

ren Palais an der Wiener Ringstraße standen, zählten auch die Figdors zu jenen Familien Wiens, die in der Gründerzeit zu Vermögen gekommen waren. Bereits vor der Gründung der Biologischen Versuchsanstalt hat Figdor eine ganze Reihe wissenschaftlicher Arbeiten aus dem gesamten Gebiet der Pflanzenphysiologie vorgelegt.

Wissenschafter als generöse Mäzene

Die drei jungen Forscher – und dabei insbesondere Hans Przibram – nahmen ab 1901 insgesamt rund 300.000 Kronen in die Hand, um zum einen das Vivarium zu kaufen und es zum anderen mit modernster Infrastruktur auszustatten. Przibram dürfte damit in der österreichischen Wissenschaftsgeschichte jener Forscher gewesen sein, der mehr eigenes Vermögen in die Wissenschaft steckte als jeder andere.

HANS PRZIBRAM
ALS KÜNSTLER

Die Wissenschaft war nicht das einzige
Betätigungsfeld des jungen Hans Przibram.
Der Zoologe verfügte über ein ausgeprägtes
zeichnerisches Talent, das ihn um 1900 zu einem
der Grenzgänger zwischen Wissenschaft
und Kunst werden ließ, die für die
Wiener Moderne so charakteristisch waren.

Als junger Student hatte Hans Przibram noch ein zweites großes Steckenpferd neben der zoologischen Forschung: In den Jahren 1895 und 1896, als Hans Przibram knapp über zwanzig Jahre alt war, zeichnete er druckreife Bildergeschichten im Stil von Wilhelm Busch, dem damals populärsten Zeichner des deutschsprachigen Raums.

Zu Przibrams erst im Jahre 2013 wiederentdeckten künstlerischem Frühwerk zählen unter anderem eine „tierische Version" des *Struwwelpeter* mit einem Stachelschwein in der Titelrolle, ein Heft über populäre Astronomie, Städteporträts aus Europa und der ganzen Welt und eine illustrierte Version von Darwins *Der Ausdruck der Gemütsbewegungen bei dem Menschen und den Tieren*. Diese elf Schulhefte voll mit Bildergeschichten waren ihm selbst so wichtig, dass er sie 1939 auf

Persiflage eines Kinderbuchklassikers: erste Seite von Hans Przibrams tierischer Fassung des *Struwwelpeter*.

die Flucht nach Amsterdam mitnahm, wo sich die Hefte heute im Stadtarchiv befinden.

Ausstellung in der Wiener Secession

Auf Empfehlung von Adolf Loos stattete Hans Przibram im Jahr 1900 einen von Wiener Studenten erstellten Gedichtband (*Musenalmanach der Hochschüler Wiens*) mit mehr als 200 Vignetten und Illustrationen aus. Gleichzeitig hatte der Architekt und Publizist den jungen Zoologen eingeladen, sich an den Winterausstellungen der Sezession in den Jahren 1899/1900 und 1900/1901 zu beteiligen. Einige dieser Arbeiten wurden in der Zeitschrift *Ver Sacrum*, dem offiziellen Organ der Wiener Secession, vom Juni 1901 veröffentlicht. Die renommierte britische Kunstzeitschrift *Studio* erwähnte seine Arbeiten bereits im Jahr 1900 lobend. Der junge Hans Przibram war zudem ein gefragter Produzent von Exlibris.

Dokumentation der Forschung

Przibrams autodidaktisch erworbene Fähigkeiten, die stilistisch wesentlich vom Jugendstil inspiriert waren, kamen in späteren Jahren vor allem der Wissenschaft zugute – konkret: der Forschung an der Biologischen Versuchsanstalt.

Viele der Publikationen aus der BVA, darunter auch zahlreiche Arbeiten seiner Mitarbeiterinnen und Mitarbeiter, stattete der Zoologe in späteren Jahren mit Bildtafeln aus. Und noch 1930 betonte Hans Przibram die Vorteile von Zeichnungen bei der Illustration biologischer Sachverhalte gegenüber der Fotografie, da deren künstliche Farben die natürlichen nicht vollständig reproduzieren könnten.

Hans Przibram stattete im Jahr 1900 den *Musenalmanach der Hochschüler Wiens* und eine Ausgabe von *Ver Sacrum* mit Illustrationen aus.

Die elf mit druckreifen Bildgeschichten vollgezeichneten Schulhefte aus den Jahren 1895/96.

Przibram als
produktiver wissen-
schaftlicher Zeichner:
Skizzen der Gottes-
anbeterin, einem der
Modellorganismen
der Biologischen
Versuchsanstalt.

Farblich überarbeitete
Fotos von Fröschen
aus der Biologischen
Versuchsanstalt.

EINE EINZIGARTIGE INFRASTRUKTUR

Die Innovationskraft der BVA als Forschungsinstitut
kann nicht hoch genug eingeschätzt werden.
Sie war nicht nur mit neuartigen Apparaturen
ausgestattet, um etwa den Einfluss der Umwelt
auf Tiere und Pflanzen zu untersuchen.
Auch die Organisation war vorbildlich:
Man forschte interdisziplinär und international.

Wissenschaftliche Institutionen werden im Normalfall danach beurteilt, wie innovativ die Erkenntnisse sind, die ihre Forscherinnen und Forscher hervorbringen. Auch in dieser Hinsicht hatte die Biologische Versuchsanstalt in den gut 35 Jahren ihres Bestehens zahllose Entdeckungen vorzuweisen. Und vieles davon harrt womöglich heute noch der Wiederentdeckung.

Modernste technische Ausstattung

Im Fall der BVA bestand viel Innovation bereits in der Ausgestaltung des Instituts: zum einen in seiner technischen Infrastruktur und der Erschaffung künstlicher Naturräume für biologische Forschung, zum anderen aber auch in der Art der Forschungsorganisation. All das machte die Biologische Versuchsanstalt zu einem Vorbild für Einrichtungen ähnlicher Art von Moskau bis New York.

Dank der Finanzkraft der Gründer, aber auch aufgrund ihrer beindruckenden technischen Kenntnisse wurde das Vivarium-Gebäude ab 1902 großzügig adaptiert und mit modernsten Geräten ausgestattet. Zum einen Teil konnte man auf die vorhandenen architektonischen Gegebenheiten zurückgreifen, zum anderen wurden eigene Arbeitssäle, Laboratorien, Ställe, Freilandterrarien und Glashäuser, sechs zementierte Becken sowie ein großes Froschbassin auf dem Areal des Vivariums errichtet.

Vor allem die neuen Temperaturkammern stellten eine Pionierleistung dar: Sie erlaubten Experimente bei genau kontrollierbaren Temperaturen zwischen fünf und 40 Grad Celsius sowie bei regelbarer Luftfeuchtigkeit. Das machte es möglich, die Anpassung von Tieren an verschiedene Temperaturen zu studieren – bis hin zur möglichen Vererbung der durch Hitze

Fig. 9.

1

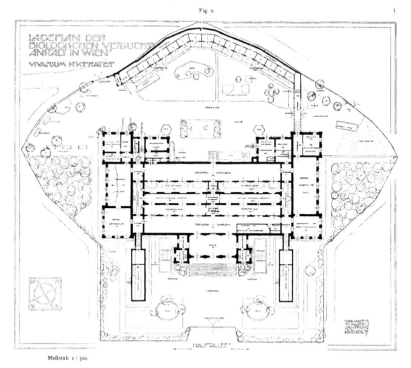

Maßstab 1 : 500.

**Der Lageplan der Biologischen Versuchsanstalt mit der
Aufteilung der verschiedenen Abteilungen.**

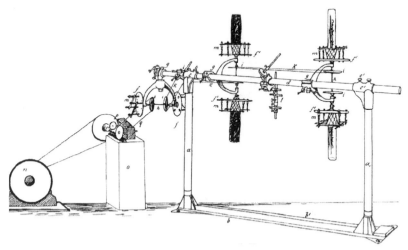

**Modernste Technik für die Botaniker: Mit dem sogenannten Klinostat
wurde die Wirkung der Schwerkraft auf Pflanzen erforscht.**

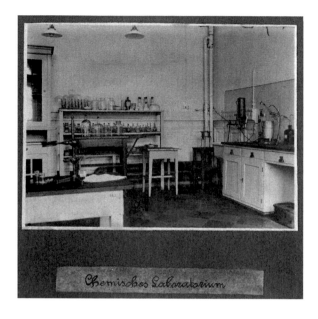

Chemisches Laboratorium

Das chemische Laboratorium, in dem ursprünglich Wolfgang Pauli sen. arbeitete, der Vater des gleichnamigen Physik-Nobelpreisträgers.

oder Kälte erzeugten Variationen etwa der Färbung.

Eine Besonderheit der BVA-Infrastruktur war aber auch der immense Reichtum an verschiedenen Tieren und Pflanzen, die in den künstlichen Naturräumen gehalten und gezüchtet wurden. Eine Auflistung aus dem Jahr 1908 kommt auf 738 verschiedene Spezies und Subspezies aus allen Tierklassen, darunter 101 Arten von Weichtieren (etwa Schnecken) und Manteltieren (wie Seescheiden), 73 Fischarten, 69 Amphibienarten, 47 Reptilienspezies, 7 Vogelspezies und 23 Arten von Säugetieren. Rund 40 Prozent davon (insgesamt 297) konnten die BVA-Zoologen nicht zuletzt dank der vivaristischen Kenntnisse des jungen Mitarbeiters Paul Kammerer zur Fortpflanzung bringen.

Doch nicht nur die Infrastruktur, auch die Forschungsorganisation der BVA war

höchst innovativ: Wissenschafterinnen und Wissenschafter aus verschiedenen Fachrichtungen (von der Zoologie bis zur Physik und Chemie, von der Botanik bis zur Physiologie) arbeiteten interdisziplinär zusammen, um die großen Fragen der modernen Biologie experimentell zu beantworten. Zudem herrschte ein reges Kommen und Gehen von inländischen und ausländischen Fachkolleginnen und -kollegen, die für einige Zeit Laborplätze erhielten.

Brutstätte der modernen Biologie

All das fand unter der umsichtigen Leitung insbesondere von Hans Przibram statt, der hauptverantwortlich dafür war, dass die Biologische Versuchsanstalt vor allem in ihren Anfangsjahren eine Art Brutstätte der modernen Biologie in Wien wurde.

DIE GENERÖSE SCHENKUNG AN DIE AKADEMIE

Nach Vorbild des Instituts für Radiumforschung und der
Kaiser-Wilhelm-Gesellschaft überschrieben Leopold von Portheim
und Hans Przibram die Biologische Versuchsanstalt
nach langen Verhandlungen mit Beginn des Jahres 1914
der kaiserlichen Akademie der Wissenschaften.

Wissenschaftliche Forschung wurde in Österreich bis zum Ende des 19. Jahrhunderts vor allem an den Universitäten oder staatlichen Einrichtungen wie dem Naturhistorischen Museum Wien oder der Geologischen Reichsanstalt betrieben. Die Biologische Versuchsanstalt war eine der ersten Ausnahmen von der Regel. Anfang des 20. Jahrhunderts wurden noch zwei weitere Institutionen für innovative naturwissenschaftliche Grundlagenforschung ins Leben gerufen: 1906 die Biologische Station in Lunz am See und 1910 das Institut für Radiumforschung, das erste Institut weltweit, das sich der Erforschung der Radioaktivität widmete.

Der Rechtsanwalt und Industrielle Karl Kupelwieser initiierte und finanzierte die beiden Einrichtungen; das Radiuminstitut stand von Beginn an unter der Leitung der kaiserlichen Akademie der Wissenschaften. Das war auch ein Ziel, das die beiden aktiv in der Leitung der BVA verbliebenen Gründer – Wilhelm Figdor zog sich im Zuge der Übergabe aus der Leitungsfunktion der BVA zurück – anstrebten, nicht zuletzt aus pragmatischen finanziellen Erwägungen. Ein weiterer Grund für die beabsichtigte Übernahme durch die Akademie war wohl auch, dass es in Deutschland im Jahr 1911 zur Gründung der Kaiser-Wilhelm-Gesellschaft kam, der Vorläuferorganisation der heutigen Max-Planck-Gesellschaft, die eine wesentliche Stärkung der außeruniversitären Forschung darstellte.

Forschung ohne Lehre

Am 11. Jänner 1911, jenem Tag, an dem die Kaiser-Wilhelm-Gesellschaft gegründet wurde, argumentierten von Portheim und Przibram in einem an das Präsidium der Akademie gerichteten „Promemoria", dass „sich der Gedanke von der Ersprießlichkeit eigener Forschungsstätten, die befreit von dem engen Lehrbetrieb unserer Hochschulen ganz der wissenschaftlichen Forschung gewidmet sein sollen, immer mehr Bahn gebrochen" habe. Dabei nannten sie das Radiuminstitut und die Kaiser-Wilhelm-Gesellschaft explizit als Beispiele.

Zur weiteren Beratung dieser Angelegenheit setzte die Akademie eine Kommission ein, die letztlich zum Schluss kam,

Übergabedokument, mit dem die BVA
der kaiserliche Akademie der Wissenschaften übergeben wurde.

dass ein Forschungsinstitut für experimentelle Biologie einem wissenschaftlichen und organisatorischen Bedarf entspräche: „Gerade die moderne Vererbungs- und Anpassungslehre, das Problem der Artenbildung u. v. a. verlangt die experimentelle Behandlung. Ausgedehnte Züchtungsversuche scheitern in den bestehenden Universitäts-Instituten zu leicht an deren Einrichtungen, sie kommen auch leicht in Kollision mit den Bedürfnissen des Unterrichts."

Die Verhandlungen zogen sich einige Jahre hin, denn die Akademie wollte eine zusätzliche finanzielle Belastung durch das Institut ausschließen. Also brachten Leopold von Portheim und Hans Przibram je 100.000 Kronen in Wertpapieren auf, deren Zinsen den wissenschaftlichen Betrieb der Anstalt erleichtern sollten. Diese 200.000 Kronen entsprachen einem heutigen Wert von etwa ein bis zwei Millionen Euro.

Die Draufgabe zur Schenkung

Hans Przibrams Bruder Karl, Physiker am Institut für Radiumforschung, ergänzte die stolze Summe um 100.000 Kronen als „Reservekapital", das für den möglichen Um- oder Neubau der Anstalt verwendet werden sollte. Nachdem diese Voraussetzung erfüllt war, konnte am 1. Jänner 1914 die Schenkung besiegelt werden, die der BVA aber wenig Glück bringen sollte.

Biologische Versuchsanstalt

in

Wien

II/2., Prater, „Vivarium".

TELEPHON 12857.

Wien, d. 29./XII 13

An die

Kaiserliche Akademie der Wissenschaften

— Wien.

Wir erlauben uns die Mitteilung zu machen, daß wir der k. k. Postsparkassa in Wien für das Konto Kaiserliche Akademie der Wissenschaften in Wien – Biologische Versuchsanstalt „Reservekapital" Nr. 2,776.965 im Auftrage des Herrn Dr Karl Przibram

K. 20.000,– 4%. Mai – Rente m. Cp. 1/5. 14

fl. 20.000,– 4% Böhmische Hypothekenbank Pfandbriefe m. Cp. 1/5. 14

fl. 20.000,– 4% Mährische Hypothekenbank Pfandbriefe überwiesen haben. mit Cp. 1/5. 14

Ferner wurden der k. k. Postsparkassa in Wien für das Konto Kaiserliche Akademie der Wissenschaften in Wien – Biologische Versuchsanstalt „Betriebskapital" Nr. 2,776.966 im Auftrage des Herrn Prof. Dr Hans Przibram

K. 82.000,– 4%. Jänner – Juli – Rente m. Cp. 1/7. 14

K. 18.000,– 4% Mai – November – Rente m. Cp. 1/5. 14

Insgesamt 300.000 Kronen Stiftungskapital mussten Hans und Karl Przibram
sowie Leopold von Portheim noch zusätzlich aufbringen, ehe es
zur Schenkung an die Akademie kommen konnte.

DER *KRÖTENKÜSSER* UND DIE VERSUCHSANSTALT

Unter den vielen außergewöhnlichen Mitarbeitern der BVA war der Zoologe Paul Kammerer eine der schillerndsten Figuren. Der Grenzgänger zwischen Wissenschaft und Kunst war auch wegen seiner populärwissenschaftlichen Aktivitäten umstritten.

An der Biologischen Versuchsanstalt forschten im Laufe der Jahre etliche renommierte Vertreter der Lebenswissenschaften. Dazu gehörten nicht nur die Gründer der Anstalt und ihre Abteilungsleiter Wolfgang Pauli sen. und Eugen Steinach. Viele große Biologen begannen an der BVA ihre Karriere – wie etwa der spätere Nobelpreisträger Karl von Frisch, der im Jahr 1910 beim BVA-Leiter Hans Przibram seine Dissertation schrieb.

Der wahrscheinlich schillerndste Mitarbeiter der BVA war aber Paul Kammerer, dessen umstrittene Experimente zum Nachweis der Vererbung erworbener Eigenschaften Gegenstand heftiger Kontroversen wurden und ihm große Popularität bescherten. Der junge Zoologe trug aber selbst auch maßgeblich zu dieser öffentlichen Aufmerksamkeit bei, indem er sich intensiv für die Verbreitung wissenschaftlicher Erkenntnisse einsetzte.

Ein Mann mit vielen Eigenschaften

Kammerer wurde noch in der Gründungsphase der BVA im Jahr 1902 als unbezahlter Mitarbeiter rekrutiert. Hans Przibram war der damals 22-Jährige wegen seiner außergewöhnlichen Fähigkeiten bei der Haltung und Züchtung von Tieren aufgefallen. Kammerer hatte aber noch zahlreiche andere Begabungen: Er war auch Komponist, verfügte über schriftstellerisches Talent und war ein homme à femmes, der unter anderem auch Alma Mahler dazu brachte, einige Monate an der BVA zu arbeiten.

Der junge Zoologe, der 1904 mit Untersuchungen über Salamander promovierte, begann an der BVA ein eigenes Forschungsprogramm, bei dem es um den Nachweis der Vererbung erworbener Eigenschaften gehen sollte. Seine Arbeiten über die Änderung der Färbung von Feuersalamandern durch Anpassung an die Umgebungsfarbe und die von ihm behauptete Vererbung der so erworbenen Eigenschaft erregten die Aufmerksamkeit nicht nur des Fachpublikums.

Kammerer, dem Arthur Koestler 1971 mit dem Buch *The Case of the Midwife Toad* (deutsch *Der Krötenküsser*, 1972) ein Denkmal setzte, gelangen aber auch noch andere spektakuläre Experimente: An augenlosen Grottenolmen etwa konnte er durch künstliche Beleuchtung die Wieder-

Paul Kammerer im November 1923 auf dem Weg in die USA.

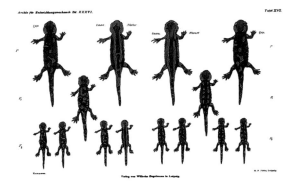

Durch Experimente mit Feuersalamandern versuchte Kammerer zu zeigen, dass sich die Umgebungsfarbe auf die Färbung der Tiere auswirkt – und diese Veränderungen vererbt werden.

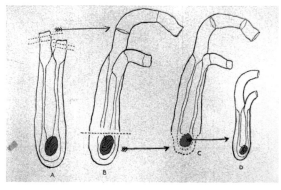

Auch an Schlauchseescheiden versuchte Kammerer die Vererbung erworbener Eigenschaften zu demonstrieren.

ausbildung von Augen hervorrufen. Bei Geburtshelferkröten gelang es ihm, erbliche Veränderungen des Fortpflanzungsverhaltens zu demonstrieren. Kammerers experimentelle Forschungen an der BVA kamen freilich durch den Ersten Weltkrieg zu einem frühzeitigen Ende: Fast der gesamte wertvolle Tierbestand und damit die Zuchtreihen Kammerers verendeten.

Professioneller Popularisator

Nachdem Kammerer 1919 an der Universität Wien mit dem Antrag auf eine unbezahlte a.o. Professur gescheitert war und nach dem Ersten Weltkrieg ein Überleben mit dem Gehalt eines BVA-Assistenten für ihn unmöglich erschien, zog er sich nach

und nach aus der experimentellen Forschung und damit auch aus der BVA zurück, kooperierte aber weiterhin etwa mit Eugen Steinach. Kammerer verdiente in den 1920er-Jahren sein Geld vor allem mit populärwissenschaftlichen Vorträgen und Büchern, was die Zweifel an seiner experimentellen Arbeit nicht gerade verkleinerte.

Nach zwei langen Vortragstourneen durch die USA im Jahr 1924 und 1925 erhielt Kammerer 1926 überraschend das Angebot, Professor an der Sowjetischen Akademie der Wissenschaften in Moskau zu werden. Doch dazu sollte es wegen eines der größten ungelösten Kriminalfälle der Wissenschaftsgeschichte nicht mehr kommen.

DER SKANDAL UM DIE BRUNFTSCHWIELEN

Die Forschungen der BVA in der Zwischenkriegszeit waren nicht nur von beständiger Knappheit der Mittel, sondern auch von der Affäre rund um Kammerers Geburtshelferkröte überschattet – einem der größten und bis heute unaufgeklärten wissenschaftlichen Fälschungsskandale des 20. Jahrhunderts.

Im Jahr 1926 war das Präparat bereits fast 15 Jahre alt. Doch nach wie vor zählte die in Formaldehyd konservierte Geburtshelferkröte mit Brunftschwielen zu den am heftigsten diskutierten Objekten der Biologie nach dem Ersten Weltkrieg. Allein in der renommierten britischen Wissenschaftszeitschrift *Nature* erschienen von 1919 bis 1926 mehr als 30 Beiträge, die sich mit diesem umstrittenen Exponat aus dem Labor Paul Kammerers befassten.

Worum ging es? Geburtshelferkröten gehören zu den raren Froscharten, bei denen die Kopulation an Land erfolgt. Kammerer war es nach langjährigen Zuchtversuchen gelungen, die Kröten durch erhöhte Temperatur im Terrarium gleichsam ins Wasser zu zwingen. Dort bildeten die männlichen Kröten – so wie die meisten Froscharten – tatsächlich Brunftschwielen an den „Händen" aus, um sich bei der Kopulation im Wasser besser an den Weibchen festhalten zu können. Dieses neue Merkmal wurde laut Kammerer bei den Geburtshelferkröten über mehrere Generationen weitergegeben und stellte für den Zoologen einen weiteren Beweis für die Vererbbarkeit (wieder)erworbener Eigenschaften dar.

Ein einflussreicher Gegner

Diese Thesen fanden im berühmten britischen Biologen William Bateson, dem Begründer der modernen Genetik, allerdings bald einen erbitterten und einflussreichen Gegner, der nichts unversucht ließ, diese Behauptungen in Zweifel zu ziehen. Auch eine Vortragsreise nach England, bei der Kammerer im Jahr 1923 das Präparat britischen Kollegen zeigte, konnte die Skepsis der Genetiker nicht ausräumen. Zu diesem Zeitpunkt hatte der exzentrische Wiener Biologe seine Hoffnungen auf eine akademische Karriere im Übrigen bereits längst aufgegeben und sich aus der Biologischen Versuchsanstalt zurückgezogen.

Anfang des Jahres 1926 reiste dann der junge US-Zoologe Gladwyn Kingsley Noble vom American Museum of Natural History in New York extra nach Wien, um das umstrittene Präparat zu untersuchen, was ihm vom BVA-Leiter Hans Przibram ohne weiteres gestattet wurde. Dabei entdeckte Noble, dass die Brunftschwielen mit schwarzer Tusche manipuliert worden waren. Kammerer schien des wissenschaftlichen Betrugs überführt.

Wenige Wochen nachdem Noble seine spektakuläre Entdeckung im Wissenschaftsjournal *Nature* veröffentlicht hatte, nahm sich Kammerer in der Nähe von Puchberg am Schneeberg am 23. September 1926 das Leben. Die Gründe für diese Verzweiflungstat sind bis heute ebenso ungeklärt wie die Frage, ob Kammerer tatsächlich der Urheber der Manipulationen war.

Das Präparat jener Geburtshelferkröte, deren „Hand" mit Tusche manipuliert wurde, um Brunftschwielen vorzutäuschen.

Reputationsverlust für die BVA

Für die BVA war der internationale Skandal, über den rund um den Globus berichtet wurde, ein schwerer Schlag – nicht nur wegen Kammerers Suizid. Die Reputation der BVA litt massiv, da Przibram trotz großer Anstrengungen, den Kriminalfall selbst zu lösen, auch der Akademie keine Erklärungen für die Fälschungen geben konnte.

Da half es auch wenig, dass Anatoli Lunatscharski, der sowjetische Volkskommissar für das Bildungswesen, Kammerer in einem Theaterstück rehabilitieren wollte, das 1928 unter dem Titel *Salamandra* auch verfilmt wurde. Neue Indizien deuten darauf hin, dass Lunatscharski mit seiner Unterstellung einer Auftragstat aus politischen Motiven womöglich nicht ganz falsch lag.

Kammerers umstrittene Ehrenrettung: Der sowjetisch-deutsche Stummfilm *Salamandra* aus dem Jahr 1928.

Der „Aufdecker" Gladwyn Kingsley Noble
mit Mikroskop.

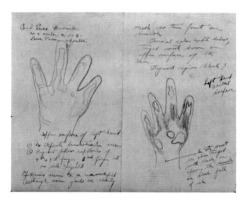

Skizze der Hand der Geburtshelferkröte,
angefertigt vom US-Zoologen Noble,
der anhand dieser Zeichnung 1926
die Manipulation bewies.

Über den Fälschungsskandal und Paul Kammerers Selbstmord
wurde auch in der US-amerikanischen Boulevardpresse ausführlich berichtet.

GESCHEITERTE KARRIEREN AN DER UNIVERSITÄT WIEN

Die Biologische Versuchsanstalt galt vor allem
Antisemiten als „jüdisches" Forschungsinstitut.
Nach dem Ersten Weltkrieg wurde einigen
Wissenschaftern der BVA aus „rassischen" und politischen
Gründen die universitäre Karriere verweigert.

Eine Besonderheit der Biologischen Versuchsanstalt war – ähnlich wie im Radiuminstitut – die erstaunlich starke Präsenz von Forscherinnen. Viele von ihnen waren im Brotberuf Lehrerinnen, verstanden sich aber als hauptberufliche Forscherinnen, auch wenn das nach dem Ersten Weltkrieg nur unter schwierigsten Bedingungen möglich war.

Eine dieser Wissenschaferinnen war die aus der Bukowina stammende Zoologin Leonore Brecher, die ab 1915 an der BVA mitarbeitete, 1916 bei Hans Przibram und danach dessen unbezahlte Assistentin war. Brecher beschäftigte sich vor allem mit der Frage, ob und wie Farbveränderungen bei Tieren (etwa den Puppen von Kohlweißlingen) durch Umwelteinflüsse bedingt sind und vererbt werden.

„A very badly smelling people there"

Ab 1923 bemühte sie sich mit Hans Przibrams Hilfe um die Erteilung der Lehrberechtigung (Habilitation) an der Universität Wien – und scheiterte 1926. Schuld daran war in erster Linie der Paläobiologe Othenio Abel, der in der entscheidenden Sitzung befand, Brecher sei „nicht geeignet, mit den Studenten zu verkehren".

Der Argumentation von Abel, der Koordinator einer geheimen antisemitischen Professorenclique war, schlossen sich die Biologen Jan Versluys und Franz Werner an – die Mehrheit. Der deutschtümelnde Holländer Versluys wurde später von Wien aus Mitglied der Nationaal-Socialistische Beweging der Niederlande. Werner, der 1934 illegales Mitglied der NSDAP wurde, schrieb Ende 1926 in einem Brief an einen US-Kollegen über die Biologen in der BVA: „It is a very badly smelling people there."

Bereits 1919 war Paul Kammerer, der damals öffentlich bekannteste BVA-Mitarbeiter, an der Universität Wien mit seinem Antrag gescheitert, eine unbezahlte a.o. Professur zu erhalten. Auch hier zog Othenio Abel die Fäden. Im Fall von Kammerer lautete der offizielle Ablehnungsgrund, dass jener ein „allzu populärwissenschaftliches" Buch geschrieben habe (*Das Gesetz der Serie*). Die wahren Gründe waren aber wohl Kammerers linke und pazifistische Gesinnung sowie seine langjährige Mitarbeit an der BVA.

Im gleichen Jahr wie Brecher scheiterte ihr jüdischer BVA-Kollege Paul Weiss, ebenfalls ein Assistent Przibrams, an der „Habilitationsnorm", obwohl sein Vorge-

BERICHT

der Kommission betreffs Habilitation von Dr.Leonore B R E C H E R.

Die Kommission bestehend aus den Herren VERSLUYS,PINTNER,WERNER, Hans PRIBRAM, ABEL, MOLISCH, DOPSCH hielt am 18.Juni unter dem Vorsitz des Dekans eine Sitzung ab, in welcher gemäss § 6 der Habilitationsordnung über die persönliche Eignung beraten wurde.Nach eingehender Diskussion wurde der Antrag von Professor Hans PRIBRAM auf persönliche Eignung nicht angenommen; die Abstimmung ergab 1 Ja, 3 Nein und 3 Enthaltungen.

Die Kommission formulierte den Grund der Ablehnung des Habilitationsgesuches in folgender Weise.

Die Habilitation wurde abgelehnt weil die Kommission zu der Überzeugung gelangte,dass der Habilitationswerber nicht geeignet sei,den Studenten gegenüber die für einen Dozenten erforderliche Autorität aufrecht zu erhalten.

Die Formulierung wurde mit 6 Ja gegen 1 Nein angenommen.

Die Kommission beantragt demnach Ablehnung des Habilitations-Gesuches von Dr. Leonore B R E C H E R.

Bericht über den Habilitationsantrag von Leonore Brecher, die vor allem wegen ihrer jüdischen Herkunft scheiterte.

Das Team der BVA
im Jahr 1923.
Sitzend von links:
Hans Przibram,
seine Assistenten Paul
Weiss und Leonore
Brecher, die 1926
an der „Habilitati-
onsnorm" scheiter-
ten, sowie Leopold
Portheim. Stehend
von rechts: Auguste
Jellinek und Theodor
Koppanyi, die so wie
Weiss ebenfalls in die
USA auswanderten.

setzter mehr als ein Dutzend Gutachten
in- und ausländischer Kapazitäten vorwei-
sen konnte, die sich euphorisch über die
Arbeiten des erst 28-Jährigen äußerten.

Paul Weiss emigriert

Der mittelmäßige Biologe Jan Versluys,
der mit Othenio Abel auch privat eng ver-
bunden war und von diesem im Alleingang
als Professor durchgesetzt worden war, hielt
Weiss' Theorie aber schlicht für falsch – und
damit war für die Professoren der philosophischen Fakultät auch dieser Fall erledigt.

Weiss verließ 1927 mit einem Stipendi-
um Wien, emigrierte in die USA und wurde nach 1945 einer der einflussreichsten
Neurobiologen seiner Generation. 1979
erhielt er (u.a. gemeinsam mit Richard
Feynman) die National Medal of Science,
die wichtigste Wissenschaftsauszeichnung
der USA. Einer seiner Dissertanten war Ro-
ger Sperry, Nobelpreisträger 1981, der mit
einer Arbeit über jene Theorie promovierte,
mit der Weiss in Wien gescheitert war.

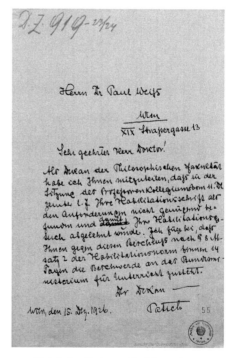

**Brief des Dekans Carl Patsch an
Paul Weiss über die „offiziellen" Gründe
seiner gescheiterten Habilitation.**

EIN MEDIZINSTAR
DER ZWISCHENKRIEGSZEIT

Er wurde elf Mal für den Nobelpreis vorgeschlagen und
war in den 1920er- und 1930er-Jahren ein Weltstar
der Wissenschaft: Der Physiologe Eugen Steinach hat
an der Biologischen Versuchsanstalt die moderne
Hormonforschung mitbegründet.

Heute ist der Name Eugen Steinach in Österreich weitgehend vergessen. Immerhin erinnert im 22. Gemeindebezirk Wiens seit dem Jahr 1955 die Steinachgasse an den ehemals weltberühmten Wissenschafter, der seine wichtigsten Forschungen an der Biologischen Versuchsanstalt durchführte und vor knapp hundert Jahren als internationaler Wissenschaftsstar galt.

Ab 1921 wurde er elf Mal für den Nobelpreis für Medizin oder Physiologie vorgeschlagen, und man nannte Steinach in der Zwischenkriegszeit immer wieder in einem Atemzug mit Sigmund Freud und Albert Einstein – so auch in einem ironischen Gedicht aus dem Jahr 1931:

„Drei Männer bilden das Staunen der Welt:
Der erste stürmte das Himmelszelt,
Der zweite der Seele Tiefen durchforscht,
Der dritte den alternden Leib entmorscht.

Und alle sind schon bei Lebenszeit
Todsicher ihrer Unsterblichkeit.
Was aber brüllt der alte Chor?
Die Juden drängen sich überall vor!"

Steinach wird in diesen Versen, die am Ende den in Wien herrschenden Antisemitismus kritisierten, als jener Wissenschafter gewürdigt, der „den alternden Leib entmorscht" habe. Der Physiologe und Hormonforscher ging aufgrund seiner Versuche bei alternden männlichen Ratten davon aus, dass durch die Durchtrennung der Samenleiter die körpereigene Produktion von Testosteron angeregt wurde.

**Drei jüdische Forscherstars in einer
zeitgenössischen Karikatur 1931.**

Eugen Steinach
im Kreis seiner
Mitarbeiter vor dem
Eingang zur BVA.

Dieser Eingriff, der sich in Sachen Verjüngung letztlich als eher wirkungslos herausstellte, wurde als Steinach-Operation bekannt und machte den Forscher in den 1920er-Jahren berühmt. Dem Eingriff unterzogen sich Persönlichkeiten wie der irische Dichter William Butler Yeats oder Sigmund Freud.

„Sich steinachen lassen"

Noch breitere öffentliche Bekanntheit erreichte Steinach mit dem mit österreichischer Hilfe produzierten *Steinach-Film*, der 1923 in Berlin im UFA-Filmpalast am Zoo seine Uraufführung erlebte und einem breiten Publikum in dokumentarischer Form Steinachs endokrinologische Forschungen vorstellte.

„Sich steinachen zu lassen" (im Englischen „to be steinached") wurde zu einem geflügelten Wort. So hieß es etwa auch in Alfred Döblins Roman *Berlin Alexanderplatz* aus dem Jahr 1929: „[...] Franz, du fasst dir an die Stirn, was ist denn mit dem passiert, hat der sich steinachen lassen von

gestern? Also und fängt an zu reden und kann tanzen."

Ein Foxtrott zu Steinachs Ehren

Karl Kraus erwähnte Eugen Steinach mehrmals in der *Fackel*; der Physiologe zählte zum Bekanntenkreis Arthur Schnitzlers, der ihn in seinen Tagebüchern immer wieder erwähnt. Bereits 1920 schrieb der Komponist und Musikdirektor Willy Kaufmann den Foxtrott *Steinach Rummel*, und in der Satirezeitschrift *Simplicissimus* wird gleich in 23 Beiträgen auf ihn und auf den von ihm ausgelösten „Verjüngungsrummel" Bezug genommen.

Insbesondere der *Steinach-Film* regte aber das Interesse des deutschen Pharmaunternehmens Schering-Kahlbaum an. Das Schering-Hauptlabor begann 1923 mit der Hormonforschung und kooperierte dabei auch mit Eugen Steinach, dessen Assistenten Walter Hohlweg und ab 1928 mit dem Chemiker Adolf Butenandt, der den Nobelpreis für Chemie erhalten sollte.

Ein Forscherstar in Pose: Eugen Steinach.

DER MITBEGRÜNDER DER SEXUALHORMONFORSCHUNG

Eugen Steinachs wissenschaftliche Entdeckungen
waren von zahlreichen Kontroversen überschattet und
wurden nach dem Zweiten Weltkrieg vielfach vergessen.
In den letzten Jahren kam es zu einer Wiederentdeckung
und Neubewertung seiner bahnbrechenden Arbeiten.

Es kommt in der Wissenschaftsgeschichte nicht allzu oft vor, dass ein auf Deutsch verfasster Artikel fast 80 Jahre nach seinem Erscheinen in englischer Übersetzung noch einmal publiziert wird. Genau das ist im Dezember 2013 mit einem Aufsatz passiert, den Eugen Steinach mit seinen Mitarbeitern Heinrich Kun und Oskar Peczenik im Jahr 1936 unter dem Titel „Beiträge zur Analyse der Sexualhormonwirkungen" in der *Wiener Klinischen Wochenschrift* veröffentlichte und der nun im Fachblatt *Endocrinology* wieder erschienen ist.

Neuroendokrinologischer Pionier

Die Publikation aus dem Jahr 1936 beschreibt erstmals die Rolle von Östrogenen (also von weiblichen Sexualhormonen) in männlichen Ratten, insbesondere solchen, die kastriert worden waren. 1972 wurde die besondere Wirkung der Östrogene ein zweites Mal entdeckt – ohne freilich auf Steinachs 36 Jahre zuvor erfolgte Publikation zu verweisen. Spätestens dieser lange vergessene Aufsatz Steinachs, so argumentieren Chemiker und Wissenschaftshistoriker in einem Kommentar zum neuübersetzten Text, machen den Physiologen der BVA zu einem Pionier der Neuroendokrinologie.

Steinachs Arbeiten aus den 1910er- und 1920er-Jahren – etwa zur Geschlechtsumwandlung von weiblichen Ratten durch Einpflanzung von Testikeln – wurden als wichtiger Beitrag zur jungen Sexualwissenschaft betrachtet, die sich gerade zu etablieren begann. Aus heutiger Sicht sind Steinachs Vorschläge, männliche Homosexualität durch Hodentransplantation zu therapieren, befremdlich. Magnus Hirschfeld, der bekannteste Sexologe der Zwischenkriegszeit und Mitbegründer der Homosexuellen-Bewegung, unterstützte hingegen Steinachs damalige Vorschläge.

Hat sich Steinachs Idee der Verjüngung etwa durch Vasektomie bereits in den späten 1920er-Jahren als Illusion herausgestellt, so ist seine Rolle als Pionier und Wegbereiter der Hormonforschung unbestritten. Steinachs Forschungen führten nicht nur zu Progynon, dem ersten künstlich hergestellten Hormonpräparat. Sie waren in gewisser Weise auch Voraussetzung für die „Pille" zur hormonalen Empfängnisverhütung, die mit dem Phy-

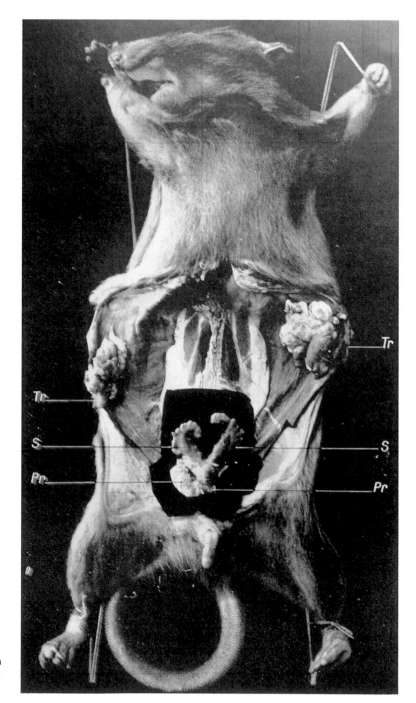

Ratten im
Dienste
der Hormon-
forschung:
Diesem Tier
wurden im
Alter von
einem Monat
Hoden (Tr)
eingepflanzt,
die 14 Monate
lang im
Körper blieben
und Hormone
produzierten.

Von Eugen Steinach mitentwickelt:
Progynon, das erste funktionierende
Hormonpräparat. Es wurde bis vor wenigen
Jahren hergestellt und war gegen
Wechseljahrbeschwerden aber auch bei
Geschlechtskorrekturen in Verwendung.

siologen Ludwig Haberlandt und dem Chemiker Carl Djerassi zwei aus Österreich stammende „Väter" hat.

Hormontherapie für Nutztiere

Steinachs umstrittene aber auch gefeierte Hormonforschungen beschränkten sich nicht auf die Wirkungen menschlicher Sexualhormone. Zur Behebung der Unfruchtbarkeit von Rindern injizierte Steinach diesen Tieren weibliche Sexualhormone und wandte diese Methode insbesondere in der Schweiz mit großem finanziellen Erfolg an. Damit wurde er auch zum Pionier der Hormonbehandlungen in der Veterinärmedizin.

Es waren vermutlich auch diese Kontakte in die Schweiz, die es ihm und seiner Frau ermöglichten, dort nach dem „Anschluss" Exil zu finden, während seine Villa in der Böcklinstraße von den Nationalsozialisten kurz nach dem „Anschluss" arisiert wurde. Steinach, der offiziell bis 1932 an der BVA forschte, starb 1944 im Alter von 83 Jahren in der Schweiz. Die bahnbrechende Bedeutung seines Werks ist womöglich immer noch nicht ausreichend gewürdigt – beispielsweise im Zusammenhang mit der Frage der Transsexualität, deren Erforschung von Steinachs Schüler Harry Benjamin erst in den 1950er-Jahren in den USA begründet wurde.

Oben: Ein Mitarbeiter von
Eugen Steinach bei der Arbeit.
Links: Steinachs umfangreiche
Sammlung an kunstvoll präparierten
Ratten-Exponaten.

AUS DEM FOTOALBUM DER BIOLOGISCHEN VERSUCHSANSTALT

Als Eugen Steinach 1931 seinen 70. Geburtstag feierte,
erhielt der langjährige Leiter der physiologischen Abteilung
ein Fotoalbum zum Geschenk, das die Infrastruktur
der BVA und seiner Abteilung dokumentiert.

Widmung des Fotoalbums (verfasst und gezeichnet von Hans Przibram).

Biologische Versuchsanstalt (Gesamtansicht)

Physiologischer Trakt (Erundgeschoss)

Außenansichten der
Biologischen Versuchsanstalt
im Winter 1930/31:
Das Hauptgebäude und die
physiologische Abteilung,
geleitet von Eugen Steinach,
sowie die Stallungen, wo die
Versuchstiere Steinachs – vor
allem Ratten und Mäuse –
untergebracht waren.

47

Tierställungen

Die Tierstallungen
im Freigelände
und im Inneren der BVA.

Histologisches Laboratorium

Innenansichten
der BVA und
im Speziellen der
Abteilung Steinach:
Die verhältnismäßig
großzügig
ausgestatteten
Laboratorien
konnten vor allem
dank der
Kooperation
mit der deutschen
Pharmafirma
Schering-Kahlbaum
erhalten werden.

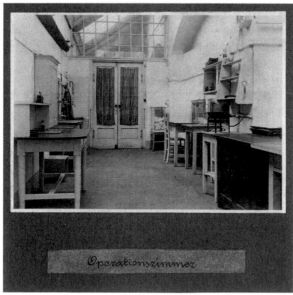

Operationszimmer

Arbeitszimmer

DIE BIOLOGISCHE VERSUCHSANSTALT NACH DEM „ANSCHLUSS"

Im April 1938 brach die Katastrophe über das einzigartige Forschungsinstitut herein: Die Leiter wurden ausgesperrt und enteignet, insgesamt rund zwei Drittel der Forscherinnen und Forscher konnten aus „rassischen" Gründen ihre Tätigkeit an der BVA nicht mehr fortsetzen.

Die Biologische Versuchsanstalt wird zur Durchführung unaufschiebbarer Reinigungsarbeiten heute um 18 Uhr geschlossen und bleibt bis 25. April ds. J. gesperrt. Am 26. April 8 Uhr früh wird das Institut für die inzwischen auf Ansuchen mit Zulassungsscheinen beteilten Arbeitenden wieder eröffnet." Mit diesen zynischen Worten gab der Botaniker Fritz Knoll gemeinsam mit dem designierten Akademiepräsidenten Heinrich Srbik Anfang April eine Order aus, die de facto die Aussperrung der Leiter und jüdischen Mitarbeiterinnen und Mitarbeiter der BVA bedeutete. Knoll war von der NSDAP als kommissarischer Rektor der Universität Wien eingesetzt und mit der „Wahrnehmung der Interessen der NSDAP" an der Akademie der Wissenschaften betraut worden.

Ausgesperrt und enteignet

Spätestens durch diese „Reinigungsaktion", bei der es auch zum Austausch der Türschlösser kam, war es Hans Przibram und Leopold Portheim, die über 35 Jahre lang die BVA geleitet und diese der Akademie geschenkt hatten, nicht mehr möglich, ihr Institut zu betreten, in dem sich ihr Lebenswerk befand: wertvolle Instrumente im Privatbesitz und eine einzigartige private Forschungsbibliothek. Fritz Knoll, der an der Akademie der Wissenschaften für die BVA verantwortlich war, entzog Przibram und Portheim zudem die Verfügung über ihren BVA-Fonds, den die beiden eingerichtet hatten.

Von den 29 Mitarbeiterinnen und Mitarbeitern im März 1938 waren 15 jüdischer Herkunft. Sie alle mussten die BVA verlassen, fünf weitere gingen im März 1938 freiwillig. Damit verlor die BVA alle Abteilungsleiter und insgesamt rund zwei Drittel des Personals.

Der Generalsekretär der Akademie stellte die Geschehnisse in seinem Bericht für das Jahr 1938 weniger dramatisch dar: „Die Biologische Versuchsanstalt im Prater ist im Stadium einer Reorganisation sowohl in bezug auf bauliche Ausgestaltung und Verbesserung der Inneneinrichtung als auch in bezug auf die Organisation der wissenschaftlichen Tätigkeit."

BIOLOGISCHE VERSUCHSANSTALT
DER
AKADEMIE DER WISSENSCHAFTEN
WIEN
II. PRATER, „VIVARIUM"

WIEN,

Liste der Arbeitenden 1938.

+	Brecher Leonore,Dr.	Zoologische Abteilung	Freiplatz
	Franke Ernst *ausgetreten*	*****	****
+	Geiringer Martha *ausgetreten* 15.IV.38	*****	*****
	Glaser Josef,Dr. *ausgetreten*	*****	****
−	Grünberg Friedrich,Dr. *ausgetreten* 12.III.1938	******	*****
+	Häuslmayer Walter	****	******	****
+	Hausner Heinz,Ing.	Botanische Abteilung	****
	Hlavac Franz	Zoologische Abteilung	****
	Hrabik Ottokar *ausgetreten*	****	*****
	Jurisic Jovan	Pflanz.Physiol.Abteilung	*****
	Kisser Josef,Prof.Dr.	Botanische Abteilung	zahlend
+	Kurz Oskar,Dr. *wartet*	Zoologische Abteilung	Freiplatz
+	Kun Heinrich,Dr.	Physiologische Abteilung	*****
	Lenkl Katherine *ausgetreten*	Botanische Abteilung	zahlend
½+	Lindenberg Lise	****	****	Freiplatz
	Lohwag Kurt,Dr. −	****	*****	****
	Mauser Franz,Dr.	Zoologische Abteilung	****
+	Peczenik Oskar,Dr. *ausgetreten*	Physiologische Abteilung	*****
+	Przibram Elisabeth	Zoologische Abteilung	****
+	Ried Oskar,Dr.	Botanische Abteilung	*****
+	Rix Karl *ausgetreten*	****	****	****
	Rzimann Gabriele,Dr.	*****	****	*****
	Schachl Josef	Zoologische Abteilung	*****
+	Schmidt Gerda	*****	*****	****
	Stift Alfred *ausgetreten*	*****	*****	*****
+	Stock Alexander	*****	****	*****

Fortsetzung Liste der Arbeitenden 1937.

+	Traub Lorle *ausgetreten*	Botanische Abteilung	Freiplatz
	Zeif Erhard	Zoologische Abteilung	*******
	Ziska Franz	Botanische Abteilung	*******

Abteilungsvorstände

+	Botanische Abteilung	Leopold Portheim
verstorben	Pflanz.Physiol.Abteilung	Prof.Dr.Wilhelm Figdor
+	Physiologische Abteilung	Prof.Dr.Eugen Steinach
+	Zoologische Abteilung	Prof.Dr.Hans Przibram
	Adjunkt	Ing.Franz Köck

Die Liste mit den „nicht-arischen" Mitarbeiterinnen und Mitarbeitern sowie Abteilungsleitern der BVA (markiert durch „+") im März 1938.

**Das Siegel der
Akademie der Wissenschaften
in Wien 1938 bis 1945.**

Die BVA endete in einem Desaster. Die Forschungen des neu eingesetzten „Unterbevollmächtigten" Franz Köck, die vor allem darin bestanden, Sägespäne mit Kleie zu versetzen und das Gemisch als Futtermittel bei Nutztieren zu testen, entpuppten sich als Unfug. Im Herbst 1940 wurde er entlassen, nachdem er zuvor noch für die Zerstörung der Teiche und Terrarien, die Auflassung eines Teils der wissenschaftlichen Sammlung und mehrerer Schaukästen, Veränderung der Gartenanlagen, kurzum: „eine schwere Schädigung des Werts der Anstalt" gesorgt hatte, wie es in einem internen Bericht hieß. Aufgrund seiner NS-Kontakte war es Köck zuvor unter

anderem auch gelungen, jüdische Zwangsarbeiter für Zwecke der BVA einzuspannen.

Im Juni 1943 schloss die Akademie der Wissenschaften in Wien mit der Kaiser-Wilhelm-Gesellschaft einen Vertrag. Er sah vor, dass dem Kaiser-Wilhelm-Institut für Kulturpflanzenforschung die Räumlichkeiten der Anstalt sowie die Glashäuser und der Garten für deren Forschung überlassen werden. Kriegsbedingt scheiterten diese Pläne.

Und am Ende war im Gebäude im Prater wieder das zu sehen, was schon ganz zu Beginn zu sehen war: Fische in Schauaquarien.

SCHICKSALE DER BVA-MITARBEITER

Zumindest sieben Forscherinnen und Forscher, die bis 1938
an der Biologischen Versuchsanstalt gearbeitet hatten,
wurden in Konzentrationslagern in den Tod getrieben
oder ermordet. Kein Forschungsinstitut in Deutschland
oder Österreich verlor mehr Personen im Holocaust.

Seine letzte Nachricht war eine Postkarte aus Amsterdam, auf die er am 21. April 1943 eine lakonische Mitteilung für seinen Bruder schrieb: „Lieber Karl! Wir sind aufgefordert worden, nach Theresienstadt zu fahren ..." Etwas mehr als ein Jahr später fand das Leben von Hans Przibram sein tragisches Ende: Der international hochangesehene Biologe starb im Ghetto/KZ Theresienstadt vermutlich an Unterernährung und Entkräftung, seine Frau Elisabeth beging einen Tag später Selbstmord: zwei von mehr als 33.000 Menschen, die im „Vorzeige-Ghetto" der Nazis in den Tod getrieben wurden.

Gescheiterte Flucht in die USA

Hans Przibram war gemeinsam mit seiner zweiten Frau noch vor Kriegsausbruch nach Holland geflüchtet. Am 3. März 1941 wandte sich der a. o. Professor an Fritz Knoll, den Rektor der Universität Wien und BVA-Verantwortlichen seitens der Akademie, mit der Bitte, ihm ein Unterstützungsschreiben für seine geplante Reise in die USA zukommen zu lassen. Dort hatten sich mehrere Forscherinnen und Forscher für seine Ausreise eingesetzt.

Das Schreiben wurde zwar ausgefertigt, der gesamte Akt ging jedoch nach Absprache mit Dozentenführer Arthur Marchet nach Berlin, womit das Wiener Schreiben gegenstandslos war. Im April 1943 verschleppten die Nazis Hans Przibram und seine Ehefrau ins Ghetto Theresienstadt.

Fritz Knoll war sowohl als NS-Rektor der Universität Wien, als auch als Akademie-Bevollmächtigter für die BVA für das Schicksal von Hans Przibram mitverantwortlich.

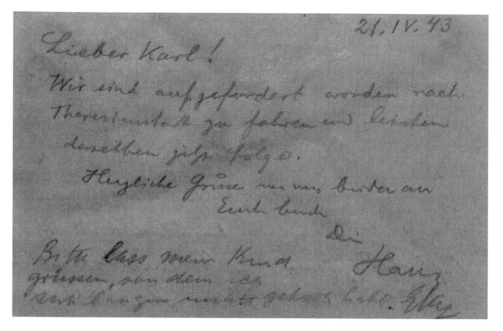

21. IV. 43

Lieber Karl!

Wir sind aufgefordert worden nach
Theresienstadt zu fahren und leisten
denselben jetzt Folge.

Herzliche Grüße ...

Die letzte Postkarte von
Hans Przibram vor seiner
Deportierung nach Theresienstadt.

Die beiden waren aber nicht die einzigen Mitarbeiter der BVA, die durch den NS-Terror den Tod fanden. Helene Jacobi wurde im Mai 1942 ins weißrussische Vernichtungslager Maly Trostinec bei Minsk deportiert und am Tag der Ankunft ermordet. Vier Monate später erlitt Leonore Brecher das gleiche grausame Schicksal. Von ihrer Kollegin Martha Geiringer, Dissertantin bei Przibram, ist nur bekannt, dass sie Anfang 1943 von Belgien aus nach Auschwitz deportiert wurde.

Der Physiologe Heinrich Kun, engster Mitarbeiter von Eugen Steinach, starb in einem unbekannten Lager in Jugoslawien. Henriette Burchardt, ebenfalls viele Jahre bei Steinach beschäftigt, wurde im Oktober 1944 nach Auschwitz deportiert; ihr genaues Todesdatum ist unbekannt. Die Biologische Versuchsanstalt war damit jenes Forschungsinstitut in Österreich und Deutschland, das im Verhältnis zu seiner Größe die meisten NS-Opfer zu beklagen hatte.

54

Konzept

1679 aus 1941/42.
M/T.

3o.Dezember 1941.

An

Herrn Univ.-Professor a.D. Dr.Hans PRZIBRAM

in

Amsterdam-Holland,
Rijnstraat 162.

Mit Beziehung auf Ihr Schreiben vom 8.XII.1941
teile ich mit, dass ich Ihre Angelegenheit dem zuständigen Reichs-
ministerium für Wissenschaft, Erziehung und Volksbildung zur Entschei-
dung abgetreten habe.

Der Rektor der Universität
Wien:

In Vertretung

Hans Przibrams
verzweifelte
Bemühungen um
eine Ausreise
in die USA
scheiterten auch
an der fehlenden
Unterstützung
durch die
Verantwortlichen
an der Universität
Wien.

Nationalsozialistische Deutsche Arbeiterpartei

Gauleitung Wien

N.S.-Dozentenbund
Der Dozentenbundsführer
an der Universität

An Se.Magnifizenz
den Herrn Rektor der Universität
Professor Dr. Fritz K n o l l

W i e n   I/1
Dr.Karl Luegerring 1

Unser Zeichen: Doz/Ma/0319/3/41   Ihr Zeichen: GZ.14911/1679
aus 1939/40/41   Wien, den   19. März   1941.
I, Universität, Fernsprecher 21 soo-71

Betrifft: Prof.Dr.Hans Przibram,
Ausreise aus Holland.

M a g n i f i z e n z !

Der ehemalige a.o.Professor Dr.Hans P r z i b r a m
ist als Jude gegen den Nationalsozialismus eingestellt. Es
war dies schon zur Systemzeit daraus zu ersehen, daß er z.B.
gegen die Anregung, Professor A b e l bei seinem Abgang
nach Göttingen zu ehren, damals scharf Stellung nahm. Eine
Ausreise des Genannten in die USA würde ich trotzdem befür-
worten, da es wohl gleichgültig ist, ob er in Holland oder
in USA sitzt. Ich würde es sogar vorziehen, wenn Personen,
die gegnerisch eingestellt sind, aus Europa abwandern.

H e i l   H i t l e r !

Der Dozentenführer
der Universität:

(Dr.A.Marchet)

1 Beilage.   Dozentenführer
a.d. Universität Wien

Rektorats-Kanzlei der Wr. Universität
Eingel. am 19. MRZ. 1941
zu 1679   1 Beil.
14980

55

DIE ZERSTÖRUNG 1945 UND DAS VERDRÄNGEN DANACH

In den letzten Kriegstagen in Wien erfolgte dann auch noch die Zerstörung des BVA-Gebäudes, aus dem die Forscherinnen und Forscher längst ausgetrieben worden waren. Und nach 1945 tat man alles, um die Erinnerung an die BVA auszulöschen.

Anfang April 1945 quartierten sich SS-Einheiten mit schweren Panzerkampfwagen in der BVA ein. Was dann geschah, lässt sich in der 1947 veröffentlichten Geschichte der Akademie der Wissenschaften (anlässlich ihres 100-Jahr-Jubiläums) nachlesen: „Das Gebäude der Biologischen Versuchsanstalt Prater, II., Hauptallee 1, ist im Zusammenhang mit den letzten Kriegsereignissen vollkommen ausgebrannt." Dazu gab es noch einen kurzen Absatz über die Tätigkeit der BVA, aber keine Zeile über die Geschehnisse nach 1938 oder auch nur eine Andeutung über die tragischen Schicksale der Mitarbeiter.

„Die verkaufte Biologie"

Die Akademie – ab Mai 1947 Österreichische Akademie der Wissenschaften (ÖAW) – wollte das ihr 1914 geschenkte Institut loswerden, was in den Medien zu Protesten führte. Die Zeitung *Neues Österreich* berichtete unter dem zitierten Titel ein letztes Mal resignierend: „Wohl hat selbstloser Forscherdrang an anderen Punkten der Stadt und des Landes höchst Anerkennenswertes geleistet, aber im wissenschaftlichen Zentrum, an der traditionellen Pflegestätte der Biologie, hat die materielle und wohl auch die moralische Kraft versagt."

Einer, der sich diesen und andere Zeitungsartikel über den Verkauf des Vivariums ausschnitt und sammelte, war der Botaniker Fritz Knoll, der sich angesprochen fühlen musste. Womöglich hatte der 1948 wieder in die ÖAW aufgenommene Ex-Nazi-Rektor angesichts der Zerstörung des ihm 1938 anvertrauten Instituts und angesichts des Schicksals der BVA-Forscherinnen und -Forscher ein schlechtes Gewissen.

Verpasste Erwähnungen

Als er 1951 und 1957 im Auftrag der ÖAW zwei großformatige Bände über bedeutende österreichische Naturforscher,

Das zerstörte
und ausgebrannte
Vivariums-Gebäude
1945.

Weinhaus statt Forschungsanstalt
Eine traurige österreichische Geschichte

Die bürgerliche Presse berichtet, daß die Gründe im Wiener Prater, auf denen einst das Vivarium der Akademie der Wissenschaft stand, nunmehr für ein Vergnügungsetablissement verwendet werden sollen.

Das Vivarium war lange vor dem ersten Weltkrieg aus privaten Mitteln von den hervorragenden Forschern Hans Przibram, Wilhelm Figdor und Leopold Portheim begründet worden. Es war die erste Anstalt ihrer Art in der Welt und diente der quantitativen Erforschung der Beeinflussung der Lebensprozesse von Tier und Pflanze durch die Lebensbedingungen — niemals ein populäres Thema bei Reaktionären. Die Arbeiten aus dem Vivarium genossen Weltruf. So gehörte zu den Mitarbeitern der Anstalt der berühmte Hormonforscher Eugen Steinach, den die Ueberpflanzung von Geschlechtsdrüsen auch in breiten Kreisen bekannt machte. Dann der geniale Experimentator Paul Kammerer, der Vorkämpfer des Gedankens der Vererbung erworbener Eigenschaften, der durch die Intrigen und Machenschaften von Finsterlingen in den Tod getrieben wurde. Im Vivarium wirkte auch der hervorragende Kolloidforscher Wolfgang Pauli (Vater).

Während des ersten Weltkrieges nahm die Akademie der Wissenschaften das Vivarium in ihre Obhut. Die Nazi vertrieben die Gründer des Instituts und ließen es verkommen; die Bomben des Nazikrieges zerstörten auch die Baulichkeiten. Portheim und Steinach starben als Emigranten, Przibram wurde im KZ Theresienstadt in den Tod gehetzt. Das „jüdische Gedankengut" wurde vom Nazikommissär Köck vernichtet.

Eine andere Regierung als die unsere hätte es als selbstverständliche Ehrenpflicht angesehen, diese weltberühmte Forschungsstätte wiederzuerrichten. Statt dessen zwang sie die Akademie der Wissenschaften durch Entzug finanzieller Mittel, die Ruinen zu verkaufen, so daß das Gelände nun einem Zweck dienen soll, der den Figl, Schärf und Hurdes offenbar besser behagt als die biologische Wissenschaft.

Befremdend ist aber auch, daß in dem eben erschienenen Sammelband über Oesterreichs Naturforscher und Techniker keiner der Gründer und Mitarbeiter des Vivariums auch nur genannt ist. Ob die Akademie der Wissenschaften, deren Präsident doch ein aufrechter Demokrat ist, gut beraten war, die Herausgabe dieses Sammelbandes — der doch von nun an als offiziöses Nachschlagewerk verwendet werden wird — dem Parteigenossen Köcks, dem von der Wiener Universität entfernten Botaniker Knoll (Nazirektor im Jahre 1938) zu übertragen?

Die kommunistische Zeitung *Volksstimme* berichtete am 3. Februar 1951
über das finale Schicksal der BVA.

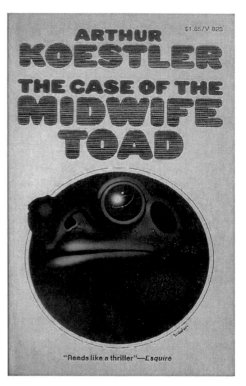

1952 erschien mit *Sieg der Verfemten*
ein auf Tatsachen beruhender
Wissenschaftsroman über die BVA.

Und auch Arthur Koestlers Buch
The Case of the Midwife Toad (1971)
erinnerte an die BVA.

Mediziner und Techniker herausgab, hätte er zwei Mal die Chance besessen, die wichtigsten Vivariums-Forscher zu würdigen, zumal die BVA ein Akademie-Institut gewesen war. Allein, das Prinzip Verdrängung war stärker: Knoll hat keinen einzigen von ihnen auch nur erwähnt.

Zwar schrieb der linke Journalist Friedrich Lorenz einen erstaunlichen Tatsachenroman über die BVA, der bereits 1952 unter dem Titel *Sieg der Verfemten*

erschien. Und der Schriftsteller und Sachbuchautor Arthur Koestler landete mit seinem Buch *The Case of the Midwife Toad* (1971) einen Bestseller, der nicht nur vom vermeintlichen Fälschungsskandal um Paul Kammerers Geburtshelferkröte handelte, sondern auch von Hans Przibram und seinem Institut erzählte. Dann dauerte es aber fast vier Jahrzehnte, ehe das so lange verdrängte und vergessene Forschungsinstitut wiederentdeckt wurde.

RÜCKHOLUNG INS KOLLEKTIVE GEDÄCHTNIS

Erst sehr spät begann man sich in der Zweiten Republik
der Geschichte der BVA und des Schicksals ihrer
Mitarbeiterinnen und Mitarbeiter anzunehmen.
Seit Juni 2015 erinnert am ehemaligen Standort
im Prater eine Gedenktafel an die BVA.
Und eine Büste von Hans Przibram wurde
mit 68 Jahren Verspätung aufgestellt.

Die Erinnerung an Hans Przibram, Leopold Portheim, Wilhelm Figdor und die BVA wurde nach 1945 zunächst praktisch vollständig ausgelöscht. Das zeigt sich auch am Umgang mit einer Büste Hans Przibrams, die am 12. Juni 2015 in der Aula der Österreichischen Akademie der Wissenschaften durch Akademiepräsident Anton Zeilinger feierlich enthüllt wurde. Der akademische Bildhauer Andre Roder hatte sie 1933 angefertigt, 1947 wurde sie von Przibrams Tochter Doris Baumann und seinem Bruder Karl Przibram der Akademie der Wissenschaften geschenkt. Das Akademiepräsidium beschloss daraufhin, „die Büste in der Akademie (voraussichtlich in einer der Nischen in der Aula) aufzustellen."

Dieser Beschluss wurde aber lange nicht umgesetzt. Erst 68 Jahre später kam die Österreichische Akademie der Wissenschaften dem Wunsch von Doris Baumann und Karl Przibram nach, ein Zeichen der Erinnerung für den Experimentalbiologen und Wissenschaftsförderer Hans Przibram

zu setzen. Neben der Büste befindet sich eine Tafel mit folgendem Text in deutscher Sprache:

Hans Przibram (1874–1944) war 1902 einer der Gründer und bis 1938 einer der Leiter der Biologischen Versuchsanstalt (BVA) im Wiener Prater, einer der weltweit ersten Forschungseinrichtungen für experimentelle Biologie. 1914 erhielt die kaiserliche Akademie der Wissenschaften die BVA als Schenkung. Der Zoologe Przibram wurde dadurch zu einem ihrer größten Förderer. Nach dem „Anschluss" 1938 wurde er „rassisch" verfolgt und von der Akademie seiner Funktion enthoben. Hans Przibram starb 1944 im Ghetto/KZ Theresienstadt. / Büste (1933) vom Bildhauer Andre Roder (1900–1959) / Geschenk von Karl Przibram an die ÖAW 1947 / Duplikat 2015, Original im Archiv der ÖAW

Am selben Tag enthüllten Anton Zeilinger, Kulturstadtrat Andreas Mailath-Pokorny und Mathias Baumann, Enkel von Hans

Büste von Karl Przibram,
links Enkel Mathias Baumann,
rechts ÖAW-Präsident Anton Zeilinger.

Gedenktafel für die BVA
in der Prater Hauptallee, enthüllt
am 12. Juni 2015.

Przibram, als Vertreter der Gründerfamilien, eine Tafel, die am Originalstandort in der Prater Hauptallee an die Biologische Versuchsanstalt erinnert. Die zweisprachige Tafel trägt die folgende Inschrift in deutscher Sprache:

Hier befand sich die Biologische Versuchsanstalt (Vivarium), eine der weltweit ersten Forschungseinrichtungen für experimentelle Biologie. 1902 von Hans Przibram (1874–1944), Leopold von Portheim (1869–1947) und Wilhelm Figdor (1866–1938) begründet und finanziert, wurde sie 1914 der Akademie der Wissenschaften als Schenkung übergeben. Ihre Leiter Przibram und Portheim wurden nach dem „Anschluss" 1938 „rassisch" verfolgt. Hans Przibram starb im KZ Theresienstadt.

Langes Verschweigen

Zuvor waren die Geschichte der BVA und das Schicksal ihrer Forscherinnen und Forscher in der Zweiten Republik jahrzehntelang ignoriert worden. Erst 1999 veröffentlichte der Wissenschaftshistoriker Wolfgang L. Reiter eine erste umfassende Kurzdarstellung der Geschichte der Biologischen Versuchsanstalt, 2002 veranstaltete dann das Konrad-Lorenz-Institut für Evolutions- und Kognitionsforschung (KLI) das erste Symposion zur BVA.

Nachkommen der Gründerfamilien mit dem Akademiepräsidenten
Anton Zeilinger und dem Wiener Kulturstadtrat Andreas Mailath-Pokorny
nach der Enthüllung der BVA-Gedenktafel.

Im 2013 erschienenen Sammelband *Die Akademie der Wissenschaften 1938 bis 1945* wurde dann erstmals die „nachhaltige Vernichtung der Biologischen Versuchsanstalt und ihres wissenschaftlichen Personals" dargestellt. Ein Jahr später veranstaltete die ÖAW anlässlich des 100-Jahr-Jubiläums der Schenkung der BVA an die kaiserliche Akademie der Wissenschaften das Symposium *Hundert Jahre Biologische Versuchsanstalt*.

Diese Tagung fand in Kooperation mit dem KLI statt, das seit 1998 ein *Hans Przibram Fellowship* vergibt, und wurde federführend von Sabine Brauckmann konzipiert, ein englischsprachiger Sammelband

ist in Vorbereitung. Einige weitere Publikationen zu Protagonisten der BVA sind in den vergangenen Jahren bereits erschienen oder stehen kurz vor Veröffentlichung und dokumentieren das weiter wachsende Interesse der Wissenschaftsgeschichte aber auch der Biologie an diesem einzigartigen Forschungsinstitut. Die Biografien der Wissenschafterinnen und Wissenschafter, die nach dem „Anschluss" 1938 ihre Tätigkeit an der BVA nicht mehr fortsetzen konnten, verfolgt, vertrieben oder ermordet wurden, sind im online-*Gedenkbuch für die Opfer des Nationalsozialismus an der Österreichischen Akademie der Wissenschaften* verzeichnet.

EINE KURZE CHRONOLOGIE DER BIOLOGISCHEN VERSUCHSANSTALT

1873

Eröffnung des „Aquariums" an der Prater Hauptallee nach Plänen von Alfred Brehm (*Brehms Tierleben*) als Teil der Wiener Weltausstellung.

1887

Das Aquariumsgebäude wird unter der Leitung von Friedrich Knauer offiziell in „Vivarium" umbenannt und dient nun auch zur Ausstellung von Amphibien und Reptilien, später sogar von Raubtieren.

1901/02

Die Wiener Tiergartengesellschaft, der das Vivarium gehört, macht bankrott. Anfang 1902 erwirbt der Zoologe Hans Przibram das Gebäude gemeinsam mit den Botanikern Wilhelm Figdor und Leopold von Portheim. Danach mehrjährige aufwendige Adaptierung des Gebäudes.

1903

Offizielle Eröffnung. Leopold von Portheim, Hans Przibram und der junge Mitarbeiter Paul Kammerer reisen nach Ägypten und in den Sudan, um lebende Pflanzen und Tiere für die BVA zu sammeln. Habilitation von Hans Przibram.

1907

Eröffnung der physikalisch-chemischen Abteilung unter Wolfgang Pauli senior.

1909

Wilhelm Figdor wird außerordentlicher Professor für Pflanzenphysiologie an der Universität Wien.

1910

Habilitation von Paul Kammerer und Promotion von Karl von Frisch, der seine Dissertation bei Hans Przibram geschrieben hat. Fast alle 20 Arbeitsplätze

Das Gebäude der BVA im Laufe seiner Geschichte: Am Beginn stand das Aquarium
(Aufnahme um 1880).

sind mit promovierten Forschern besetzt, erstmals auch aus dem Ausland.

1911
Erste Vorschläge, die BVA der kaiserlichen Akademie der Wissenschaften zu schenken.

1912
Eugen Steinach übernimmt die Leitung der physiologischen Abteilung der BVA und baut sie in den nächsten beiden Jahrzehnten zu einem weltweit führenden Zentrum der Hormonforschung aus.

1913
Hans Przibram wird zum unbesoldeten außerordentlichen Professor für experimentelle Zoologie ernannt.

1914
Nach langen Verhandlungen wird die BVA Teil der kaiserlichen Akademie der Wissenschaften. Wilhelm Figdor scheidet aus dem Vorstand der BVA aus.

Die physikalisch-chemische Abteilung wird infolge des Ausscheidens von Wolfgang Pauli senior aufgelassen. Die BVA dient bis 1916 als Lazarett für Verwundete. Der Tierbestand geht in den folgenden Jahren zum großen Teil zugrunde.

1915
Eingeschränkte Wiederaufnahme des wissenschaftlichen Betriebs.

1919
Kammerers Antrag auf Verleihung des Titels eines a.o. Professors wird an der Universität Wien abgelehnt. Überlegungen, die BVA vom Prater nach Schönbrunn zu verlegen. Die nächsten Jahre sind von schweren finanziellen Schwierigkeiten geprägt.

1921
Hans Przibram werden die Bezüge eines Extraordinarius ad personam zuerkannt.

Bis 1901 diente das Gebäude als Vivarium (Aufnahme um 1900).

1923

Kammerer wird in den dauernden Ruhestand versetzt. Walter Finklers umstrittene Studie über vertauschte Insektenköpfe erscheint.

1926

Der US-amerikanische Herpetologe Gladwyn Kingsley Noble besucht die BVA und stellt Fälschungen an Kammerers legendärer Geburtshelferkröte fest, was zu einem internationalen Wissenschaftsskandal führt. Kammerer begeht kurz nach der Veröffentlichung Selbstmord. Leonore Brecher und Paul Weiss, beide Przibram-Assistenten, scheitern mit ihren Habilitationsanträgen.

1928

Reaktivierung der Temperaturkammern.

1930

Przibrams monumentales siebenbändiges Werk *Experimental-Zoologie*, dessen erster Band 1907 erschien, wird mit dem siebenten Band abgeschlossen.

1932

Steinach emeritiert. Der öffentliche Aquariumsbetrieb wird wieder aufgenommen, um zusätzliche Mittel einzuwerben. Überlegungen zur Einrichtung eines Labors, wo die Wirkung von Radium auf Organismen untersucht werden soll.

1938

Wilhelm Fidgor stirbt noch vor dem „Anschluss". Nach dem „Anschluss" verlieren die Gründer Hans Przibram und Leopold Portheim die Zeichnungsberechtigung für das Stiftungskonto und werden buchstäblich aus der BVA ausgesperrt – so wie rund die Hälfte der damaligen Mitarbeiter. Leopold Portheim emigriert nach London.

Um 1902 wurde das Vivarium in die Biologische Versuchsanstalt umgewandelt (Aufnahme aus dem Jahre 1931).

1939
Flucht von Hans und Elisabeth Przibram in die Niederlande.

1942
Die ehemaligen BVA-Mitarbeiterinnen Leonore Brecher und Helene Jacobi werden im weißrussischen Vernichtungslager Maly Trostinec bei Minsk ermordet.

1943
Vertrag mit der Kaiser-Wilhelm-Gesellschaft, die das BVA-Gebäude für das Kaiser-Wilhelm-Institut für Kulturpflanzenforschung nützen will. Martha Geiringer wird von Belgien aus nach Auschwitz deportiert.

1944
Hans und Elisabeth Przibram werden im Ghetto/KZ Theresienstadt in den Tod getrieben. Eugen Steinach stirbt im Schweizer Exil. Die BVA-Mitarbeitern Henriette Burchardt wird in Auschwitz ermordet.

1945
April: Deutsche Kampfeinheiten quartieren sich in der BVA für den Endkampf um Wien ein. Mehrere Feuer zerstören einen großen Teil des Gebäudes und die Einrichtung.

1947
Leopold von Portheim stirbt im Exil in London.

1948
Die ÖAW verkauft die Ruine der Biologischen Versuchsanstalt.

65

WEITERFÜHRENDE LITERATUR

Baumann, Doris (1992): Dr. Doris Baumann. In: Dokumentationsarchiv des österreichischen Widerstands (Hg.): Jüdische Schicksale. Berichte von Verfolgten, Wien: ÖBV, S. 306–312.

Benjamin, Harry (1945): Eugen Steinach, 1861–1944: A Life of Research, The Scientific Monthly 61, S. 427–442.

Coen, Deborah R. (2006): Living Precisely in Fin-de-Siècle Wien, Journal of the History of Biology 39, S. 493–523.

Edwards, Charles Lincoln (1911): The Vienna Institution for Experimental Biology, The Popular Science Monthly 78 (37, 1), S. 584–601.

Feichtinger, Johannes, Herbert **Matis**, Stefan **Sienell** und Heidemarie **Uhl** (Hg.) (2013, engl. 2014): Die Akademie der Wissenschaften 1938–1945. Katalog zur Ausstellung, Wien: Verlag der ÖAW.

Gaugusch, Georg (2011): Wer einmal war. Das jüdische Großbürgertum Wiens 1800–1938, A–K, Wien: Amalthea Verlag.

Gedenkbuch für die Opfer des Nationalsozialismus an der Österreichischen Akademie der Wissenschaften, www.oeaw.ac.at/gedenkbuch/.

Gliboff, Sander (2006): The Case of Paul Kammerer: Evolution and Experimentation in the Early 20th Century, Journal of the History of Biology 39, S. 525–563.

Herrn, Rainer und Christine N. Brinckmann (2005): Von Ratten und Männern: Der Steinach-Film. montage/av, 14/2/2005, S. 78–100.

Hirschmüller, Albrecht (1991): Paul Kammerer und die Vererbung erworbener Eigenschaften, Medizinhistorisches Journal 26, S. 26–77.

Hofer, Veronika (2002). Rudolf Goldscheid, Paul Kammerer und die Biologen des Prater-Vivariums in der liberalen Volksbildung der Wiener Moderne. In: Mitchell G. Ash und Christian H. Stifter (Hg.): Wissenschaft, Politik und Öffentlichkeit, Wien: WUV, S. 149–184.

Kammerer, Paul (1926): Die Biologie in Wien, Urania 2 (10), S. 317–320.

Kassowitz, Max (1902): Die Krisis des Darwinismus. In: Wissenschaftliche Beilage zum 15. Jahresbericht (1902) der Philosophischen Gesellschaft an der Universität Wien, Leipzig: Barth, S. 5–18.

Koestler, Arthur ([1972] 2010): Der Krötenküsser. Der Fall des Biologen Paul Kammerer, Wien: Czernin Verlag (engl. Original The Case of the Midwife Toad 1971).

Kofoid, Charles Atwood (1910): The Biological Stations of Europe. United States Bulletin of Education, no. 440, Washington: Government Printing Office.

Logan, Cheryl A. (2013): Hormones, Heredity, and Race: Spectacular Failure in Interwar Vienna, New Brunswick, NJ: Rutgers University Press.

Logan, Cheryl A. und Sabine **Brauckmann** (2015): Controlling and culturing diversity: Experimental zoology before World War II and Vienna's Biologische Versuchsanstalt, Journal of Experimental Zoology Part A: Ecological Genetics and Physiology 323 (4), S. 211–226.

Lorenz, Friedrich (1952): Sieg der Verfemten. Forscherschicksale im Schatten des Riesenrades, Wien: Globus Verlag.

Müller, Gerd B. und Hans **Nemeschkal** (2015): Zoologie im Hauch der Moderne. Vom Typus zum offenen System. In: Karl Anton Fröschl, Gerd B. Müller, Thomas Olechowski, Brigitta Schmidt-Lauber (Hg.): Reflexive Innensichten aus der Universität. Disziplinengeschichten zwischen Wissenschaft, Gesellschaft und Politik (= 650 Jahre Universität Wien – Aufbruch ins neue Jahrhundert 4), Göttingen: Vienna University Press, S. 355–369.

Przibram, Karl (1959): Hans Przibram. Neue österreichische Biographie, Bd. 13, Wien: Amalthea Verlag, S. 184–191.

Reiter, Wolfgang L. (1999): Zerstört und vergessen: Die Biologische Versuchsanstalt und ihre Wissenschaftler/innen, Österreichische Zeitschrift für Geschichtswissenschaften 10 (4), S. 104–133.

Södersten, Per, David **Crews**, Cheryl **Logan** und Rudolf Werner **Soukup** (2013): Eugen Steinach: The First Neuroendocrinologist, Endocrinology 155 (3), S. 688–695.

Taschwer, Klaus (2013): Die zwei Karrieren des Fritz Knoll. In: Johannes Feichtinger, Herbert Matis, Stefan Sienell und Heidemarie Uhl (Hg.): Die Akademie der Wissenschaften 1938–1945. Katalog zur Ausstellung, Wien: Verlag der ÖAW, S. 47–54.

Taschwer, Klaus (2013): Vertrieben, verbrannt, verkauft, vergessen und verdrängt. Über die nachhaltige Vernichtung der Biologischen Versuchsanstalt und ihres wissenschaftlichen Personals. In: Johannes Feichtinger, Herbert Matis, Stefan Sienell und Heidemarie Uhl (Hg.): Die Akademie der Wissenschaften 1938–1945. Katalog zur Ausstellung, Wien: Verlag der ÖAW, S. 105–116.

Taschwer, Klaus (2015): Hochburg des Antisemitismus. Der Niedergang der Universität Wien im 20. Jahrhundert, Wien: Czernin Verlag.

Walch, Sonja (2016): Triebe, Reize und Signale. Eugen Steinachs Physiologie der Sexualhormone. Vom biologischen Konzept zum Pharmapräparat, 1934–1938, Wien: Böhlau Verlag.

HerausgeberInnen

Klaus Taschwer ist Wissenschaftsjournalist bei der Tageszeitung *Der Standard*.

Johannes Feichtinger ist Dozent und wissenschaftlicher Mitarbeiter am Institut für Kulturwissenschaften und Theatergeschichte der ÖAW.

Stefan Sienell ist wissenschaftlicher Archivar der ÖAW.

Heidemarie Uhl ist Dozentin und wissenschaftliche Mitarbeiterin am Institut für Kulturwissenschaften und Theatergeschichte der ÖAW.

Die HerausgeberInnen bedanken sich herzlich bei
Sabine Brauckmann, Gerd B. Müller und Wolfgang L. Reiter.

Bildnachweis

Archiv der ÖAW: 11, 19 (u.), 26, 28 (2), 29, 45 (2), 46, 47 (2), 48 (3), 49 (3), 51 (2), 52, 53, 65;
ÖAW: 7, 60 (2), 61; Archiv der Universität Wien: 16, 37, 38 (u.), 55 (2);
UC San Diego Library: 17 (u.); Privatarchiv Eisert: 19 (l.), 20, 38 (o.), 54 (2);
Bildarchiv der ÖNB: 57 (o.); Stadsarchief Amsterdam: 21, 22 (u.), 23 (u.);
Sammlung Klaus Taschwer: 35 (u.); Library of Congress: 31;
American Museum of Natural History: 35 (1, 2); Jüdisches Museum Hohenems: 44;
Public domain: 13 (3), 14, 17 (o.), 19 (r.), 22 (1 o.), 23 (o.), 25 (2), 32 (2), 34 (2), 39, 40,
41, 43, 57 (u.), 58 (2), 63, 64

Es wurde bei allen Abbildungen versucht, die Rechteinhaber ausfindig zu machen.
Sollte das nicht bei allen Fotos gelungen sein, bitten die Herausgeber um Mitteilung.

ISBN 978-3-7001-7367-0
Print Edition
ISBN 978-3-7001-7396-0
Online Edition
2013, 274 Seiten, 100 Abb., 24x17cm,
broschiert
€ 19,90

http://hw.oeaw.ac.at/7367-0

Die Österreichische Akademie der Wissenschaften publiziert anlässlich des 75. Jahrestags des „Anschlusses" eine umfassende Darstellung ihrer Verstrickung in den nationalsozialistischen Herrschaftsapparat in den Jahren 1938 bis 1945 und deren Auswirkungen auf die Nachkriegszeit. Der „Anschluss" Österreichs an das nationalsozialistische Deutsche Reich im März 1938 bedeutete eine tiefgreifende Zäsur für die Akademie der Wissenschaften in Wien. Nach der Machtübernahme wurden die Leitungsstellen mit Parteigängern des Nationalsozialismus besetzt. Akademie-Mitglieder, Mitarbeiterinnen und Mitarbeiter mussten aus politischen, zumeist jedoch aus „rassischen" Gründen die Akademie verlassen. Sie wurden verfolgt und vertrieben, kamen in nationalsozialistischen Konzentrationslagern zu Tode.

Unter der neuen nationalsozialistischen Akademieführung wurde die Autonomie der Gelehrtengesellschaft eingeschränkt und Forschungsvorhaben im Sinne der NS-Ideologie durchgeführt. 1945 war für die Akademie keine „Stunde null". Neben Zäsuren finden sich auch Kontinuitäten in den Forschungseinrichtungen wie auch in der Gelehrtengesellschaft. Im Umgang mit dem Nationalsozialismus agierte die Akademie ambivalent: In der ersten Nachkriegsphase wurde die Mitgliedschaft ehemaliger Nationalsozialisten vorläufig ruhend gestellt, wenige Jahre später waren – entsprechend dem Amnestiegesetz von 1948 – praktisch alle ehemaligen NSDAP-Angehörigen, selbst hochrangige Funktionsträger, wieder als Mitglieder zugelassen.

A-1011 Wien, Dr. Ignaz Seipel-Platz 2
Tel. +43-1-515 81/DW 3401-3406, +43-1-512 9050
Fax +43-1-51581/3400
http://verlag.oeaw.ac.at, e-mail: verlag@oeaw.ac.at

**VERLAG DER
ÖSTERREICHISCHEN
AKADEMIE DER
WISSENSCHAFTEN**